天津市蓟州区林业局 ▣ 编

U0215606

天津
山区果树图鉴

中国林业出版社

《天津山区果树图鉴》
编委会

主　　编	赵国明	金玉申			
副主编	付志鸿	王铁锤	高玉娟	杨越超	李顺梅
编写人员	张文举	刘景然	李　银	王会文	张　杪	高志伟
	张贤鸣	付　兴	郭丽萍	张景新	王大震	王　倩
	赵光宇	王志海	曹东升	张绍青	李荧洁	林　立
	王秀静	丁　一	张　颖	李帅杰	许庆良	魏志勇
	张　尧	陈芝言	曲薇薇	胡鑫玥	王冠玉	刘金明
	杨晓琛	李博然	刘长伟	周彩杰	孔祥柠	张艳红
	张艳梅	张立书	王化山	吕宝山	王景利	叶永利
	付立红	李志坚	刘凤明	王小举	张大永	吴立华
	郭文英	高　洋	袁小磊	闫爱兵	王小举	李玉奎
	方英俊	辛　娜	耿丽莹	康俊男	王　涛	王春明
	程旭辉	张淑杰	张艳辉	于　洋	王海鹏	刘金明
	蒋和聪	徐锡祥	王春华			
摄　　影	梁文兵	付志鸿	赵连合	李玉奎	李顺梅

前言
PREFACE

　　蓟州区是天津市唯一的山区，2019年，全区林地面积86.3万亩。绿色蓟州已经成为护卫京津的绿色屏障，被誉为"京津后花园"。

　　天津山区果树历史悠久，果树生产可追溯至几千年以前。新中国建立后，通过制定相关政策，健全科技推广队伍，兴建果品基地，果树生产快速发展，果树生产成为山区农民致富的支柱产业。到2019年，全区干鲜果果树面积19.5万亩，年产量8.7万t，形成了盘山磨盘柿、天津板栗、库区葡萄、苹果、梨等具有特色的果品基地。

　　果品具有丰富的营养及医疗价值，含有人体需要的糖类、蛋白质、脂肪、矿物质、维生素等五大营养素，有着其他食物不可替代的作用。果树具有良好的生态环境效益，对环境有较强的适应性，既可增加果农的收入，又可绿化荒山、保持水土，改善生态环境和农民的生活条件；同时，可发展生态农业、观光果业，促进旅游业，带动第三产业，提高经济效益、社会效益和生态效益。

为美化人民生活，建设生态文明，我们编印了《天津山区果树图鉴》一书，借以推广果树新品种、新技术，加快发展果树产业。本书总结了天津山区果树发展的实践成果，辑录了果树在山区国民经济发展中的重要作用，系统介绍了适宜山区栽培果树的形态特征和生长习性。内容丰富，通俗易懂，图文并茂，是一部林业科技专业图书。全书共收集果树198种（品种），可供林业、园林工作者和果农朋友参考。

本书在编写过程中得到蓟州区林业局科技人员和梁文兵同志的大力支持，在此谨致谢意！

编　者

2020年10月

内 容 简 介

　　《天津山区果树图鉴》共3章，第1章概论，概要介绍天津山区果树的发展历史、干鲜果品、果树新技术；第2章常见果树品种，分别介绍蔷薇科、葡萄科、鼠李科、猕猴桃科、柿树科、山毛榉科、胡桃科、桑科、杜鹃花科、芸香科、无患子科、桦木科、石榴科、茄科、虎耳草科、仙人掌科共计16科24属198种（品种）的生物学特性及其形态特征、生长习性、栽培分布、生长状况、应用价值，配备了彩色图片，从枝、叶、茎、花、果不同部位展现树体形态；第3章收录了5个天津果树地方标准，由天津市蓟州区林业局制定，天津市技术监督局发布，为果树生产实践提供技术和法律保证。

　　本书内容丰富，图文并茂，具有鲜明的地方性、完整性、系列性、科学性，可供林业、园艺、园林工作者和果农参考。

目 录
CONTENTS

前 言

第1章 概 论

第2章 常见果树品种

第3章　天津果树地方标准

第1章

概 论

　　蓟州区（2016 年，撤销蓟县，设立蓟州区）是天津市唯一的山区，位于天津市北部。蓟州区地理坐标为东经 117°05′ ～ 117°47′，北纬 39°45′ ～ 40°15′。2019 年全区有林地面积 86.3 万亩。自然环境优美、自然资源丰富、人文景观荟萃、文化底蕴厚重，是护卫京津的绿色屏障。

　　天津山区总体地势是北高南低，北部山区，南部平原。土壤以褐土类为主，气候属于暖温带半湿润大陆性季风型气候，年平均气温 12.5℃，大于等于 0℃的活动积温为 4639.1℃，无霜期 196 天，年平均降水量 615.2mm。

　　新中国建立后，通过制定相关政策，健全科技推广队伍，兴建果品基地，果树生产快速发展。到 2019 年，全区干鲜果果树面积 19.5 万亩，年产量 8.7 万 t。初步形成了盘山磨盘柿、天津板栗、库区葡萄、苹果、梨等具有特色的果品基地，果品生产已成为山区农民致富的支柱产业。

1.1　发展历史

　　天津山区果树生产历史悠久，可追溯至几千年以前。古燕国时期曾有"南有千树枣，北有千树栗"之说。

　　明、清时期，山区果树分布较广，在山区沟谷之间，数百年生柿树、梨树、核桃、板栗随处可见。下营镇桑树庵村有二三百年生栗树达百株以上，枝繁叶茂连年结果，其中，栗树王干粗 5m 余，冠径 20m，上分四枝，粗壮挺拔，枝叶繁茂，结果累累。下营镇刘庄子村门槛子沟有胸径 1m 以上栗树、梨树数百株，虽生于陡坡，树下岩石裸露，树根盘踞岩缝之间，而枝杈不枯，生长不衰。盘山沟沟坎坎，漫山遍野，老柿树数量众多，高大挺拔。白涧镇庄果峪、刘吉素两村，因盛产柿子，秋日柿子成熟，满山遍野一片橙红。黄崖关蜜梨、青山岭红肖梨曾经作为贡品进献皇帝，故几百年来就有"蝎子峪的香白杏，黄崖关的大蜜梨，青山岭的红肖梨，富过杨柳青的大闺女"的说法，可见山区果树生产历史悠久。明、清时期，全区果树主要有梨、榛、栗、桃、核桃、樱桃、柿、杏、枣、李、葡萄、欧李、沙果、苹果、文冠果等。

　　民国年间，山区果树主要有沙果、蜜梨、红肖梨、秋白梨、麻梨、棠梨、酸梨、节梨、佛见喜梨、桑葚、香白杏、土香白杏、红杏、蜜桃、宝桃、六月白桃、五月鲜桃、毛桃、榛子、栗子、枣、柿子、李子、葡萄、银杏、欧李等。花红，别名沙果、果子、奈子，是区内传统小杂果，主要分布在北部山区，年产量 10 万 kg。

新中国成立初期，果品生产以官庄镇为中心的盘山柿子，以下营镇为中心的各种梨，以罗庄子镇青山为代表的沙果，以许家台镇芦家峪、下营镇西大峪为代表的核桃，以盘山长城为中心的板栗，果品生产以别山镇、白涧镇为代表的红枣及其他桃、杏、李等杂果为主。

新中国成立后，山区果树新品种大量引进，到 1985 年，果树主要树种有核桃、苹果、沙果、杏、桃、柿子、梨、板栗、葡萄、软枣猕猴桃、中华猕猴桃等。

1985 年，山区果树面积达到 6943hm²，果品产量 3344 万 kg，主导品种有苹果、柿子、板栗、核桃等。

1990 年，山区有各种果树 16000hm²，651.6 万株，总产量 4076 万 kg。

2006 年，山区果树面积 21800hm²，果品产量 15000 万 kg。

目前，果品生产已成为山区农民致富的支柱产业，形成盘山磨盘柿、天津板栗、库区葡萄、苹果、梨等具有特色的果品基地。

1.2 山区鲜果

2017 年统计，全区主要果树有 26 种，其中鲜果 19 种，干果 7 种。

鲜果类有柿子、苹果、梨、桃、鲜食葡萄、酒用葡萄、山楂、杏、李子、杏李、欧李、樱桃、桑葚、脆枣、树莓、蓝莓、猕猴桃、黑枣、花红等。

干果类有板栗、核桃、枣、仁用杏、文冠果、榛子、花椒等。

1.2.1 柿子

柿树。柿树是区内山区的主要果树，以官庄和许家台镇的盘山周边地区柿果最著名。

唐代，区内就有柿树零星分布于山区、半山区。

民国时期，在下营镇的中营、下营、刘庄子，罗庄子的杨庄、翟庄，官庄镇的塔院、东后子峪、营房、联合村、挂月庄，许家台镇的歇人场等地已有成片栽培的柿树。1935 年，全区柿子产量 35 万 kg。

新中国成立后，柿树不断发展，产量逐年提高，居全区干鲜果品之首。1985年，全区有柿树 114.8 万株，年产量 1000 万 kg 左右。主要品种有：磨盘柿（又称盖柿、鸡心柿、火柿子）、西洋柿子等。其中以磨盘柿为佳，占栽培总株数的95% 以上。磨盘柿以盘山地区质量为最好，表皮橙黄色，微有果粉，具有个大、皮薄、无核、汁多、味甜等特点。

到 2017 年，山区柿树面积 3667hm²，产量 1100 万 kg。

主要品种有：磨盘柿、鸡心柿、牛心柿、富有、次郎、杨丰、禅寺丸等。

1.2.2 苹果

清初，境内已有苹果栽植。

1954 年春，从河北省通县引进苹果树苗 100 株；1956 年，从河北省遵化县调进国光、红玉等苹果树苗 2 万株，定植在官庄镇的北后子峪村，下营镇的白滩村、石头营、寺沟村，现存 154 株；1964 年，山区年产苹果 5000kg，1965 年增至 8500kg；1966—1975 年，区内大规模栽培苹果。由马伸桥地区扩展到邦均、别山、城关、下营地区，共栽植倭锦、红元帅、黄元帅、国光、美夏、伏花皮等 16 个品种 50 多万株，面积近 2000hm²，大多是稀植果园，每亩栽 15～17 株，马伸桥地区占总面积的 40% 以上；20 世纪 70 年代后期，陆续引进了着色富士、红星、新红星、葵花、胜利等优良新品种；1978—1979 年，平原地区的尤古庄、桑梓、刘家顶、侯家营、三岔口、上仓、下窝头、杨津庄、大罾上乡镇，栽培以红元帅、黄元帅、大国光、小国光为主的苹果苗 18 万株，面积 533hm²，大部分是中密度果园，每亩栽植 19～22 株，开始建设少量密植园，每亩栽植 44 株。进入 20 世纪 80 年代，苹果栽培的主要特点是标准化、优种化、密植化，每亩栽植 44 株，品种主要以红星、红富士为主。

到 1985 年，山区苹果面积 2600hm²，6.7hm² 以上的苹果园有 147 个，其中成树果园 123 个，遍及 33 个乡镇，以马伸桥、五百户、九百户、西龙虎峪、宋家营、穿芳峪、翠屏山等半山区乡苹果栽植面积最大，品种主要有红元帅、黄元帅、大国光、小国光、倭锦、红玉、新红星、红富士等。

到 2017 年，苹果面积 2334hm²，产量 2800 万 kg，主要品种 55 个。

1.2.3 梨

明嘉靖年间，山区已有梨的栽植。

民国年间，山区梨树品种主要有蜜梨、红肖梨、秋白梨、麻梨、酸梨、节梨、苹果梨、佛见喜梨、鸭广梨。1935 年，山区梨的产量 90 万 kg。1944 年，梨的主要品种有 9 种：蜜梨、麻梨、秋白梨、安梨（酸梨）、红肖梨、节梨、佛见喜梨、鸭广梨、半斤酥，前 5 个品种是县内原有品种，也是主栽品种，占总产量的 60% 以上。

20 世纪 60—70 年代，引进瓶梨、枣梨、苹果梨、京白梨、鸭梨、茄梨、巴梨、雪花梨、二十世纪、晚三吉、长十郎、香水梨等，以雪花梨发展最快，栽培面积逐年扩大。

1985 年，山区梨的栽植面积 540hm^2，主要分布在北部山区的下营、罗庄子、官庄、穿芳峪等镇乡，产量在全区干鲜果品中居第三位。

到 2017 年，梨树面积 2378.4hm^2，产量 3211 万 kg。

1.2.4 桃

桃栽培历史较久，分布于山区、平原。

明嘉靖年间，山区就有桃树栽培。民国年间，桃树品种有蜜桃、宝桃、六月白桃、五月鲜桃、秋秸裤桃、毛桃、甜秋子桃等品种，但仅为零星栽植。新中国成立后，桃树主要品种有：五月鲜、六月白、大久保、北京一号（京红）、绿化 9 号（艳红）、津艳等优良品种。20 世纪 50 年代，在五百户、许家台等地成片栽植，先后引进麦秋桃、红桃、白桃、银桃、宝桃、扁桃、红鹰嘴、红蜜桃、八月十五桃、半斤对、大秋桃、秋宝桃、秋子等品种，年产 17.5 万 kg。

20 世纪 60—70 年代，在马伸桥、翠屏山、别山、五百户等镇乡与苹果间作，引进大久宝、岗山白、传十郎、天津水蜜、深州水蜜、玻璃蜜、白凤、白瓦、北京二号、北京五百号、晚金黄等优良品种。

80 年代中期，桃树栽植发展很快，先后引进庆丰、春蕾、早香玉、雨花露、垛子一号、玻璃晚、绿化 3 号、雪桃、冬桃等品种，主要分布在北部山区罗庄子等乡。到 1985 年，桃树面积发展到 519hm^2，年产量达 68 万 kg。

到 2017 年，桃树面积 1419.6hm^2，产量 1491 万 kg。

1.2.5 葡萄

山区栽培历史悠久，多为庭院栽培。

明嘉靖年间，山区已有葡萄栽植，主要是庭院零星栽植，品种以龙眼为主。

20 世纪 50—70 年代，葡萄品种引进了玫瑰香、白牛奶等，开始在耕地里定植。1958 年，于桥水库建葡萄园 5.3hm^2。

20 世纪 80 年代初，山区大面积栽培葡萄。1982 年，由天津市林果所引进种条 15000 根，1984 年由山东省引进种条 11 万根。1985 年，由北京市引进种条上百万根。主要品种有龙眼、玫瑰香、白牛奶及少量的巨峰、黑奥林。同年，开始栽培贵人香、蛇龙珠、白羽、法国兰等酿酒品种。葡萄种植发展到 468.5hm²，其中酿酒品种达 213.3hm²，年产量 31000kg。

20 世纪 80 年代中期，在别山等镇乡栽培 33.33hm²，年产 8 万 kg。生食品种有巨峰、玫瑰香、白牛奶、龙眼；酿造品种有法国兰、白羽、贵人香、雷司令、蛇龙珠。

2000 年，山区综合开发总公司从法国一次引入梅鹿辄、赤霞珠、品丽珠 1200 万芽。创新了名种酒用葡萄工厂化育苗和早期丰产栽培技术。育苗周期从 1 年缩短到 80 天，实现当年育苗、当年定植；栽培管理实现了"一年成园（保存达到 98%，粗度 1cm，高度 1m），二年见果（800kg/ 亩），三年丰产（1150kg/ 亩）"。

2006 年，山区葡萄面积发展到 2000hm²，其中酒用葡萄面积 1000hm²，鲜食葡萄 1000hm²。葡萄栽培涉及 18 个乡镇 100 个村 7000 多户。酒用葡萄总产量达到 700 万 kg，总收入 1700 万元，面积比 1997 年增长了 4 倍，产量和收入是 1997 年的 2.8 倍。山区成为王朝等葡萄酒公司重要的优质葡萄原料生产基地。用该区葡萄酿造的红葡萄原酒年产量达到 9620t，年创产值 6300 万元。全区用于酿造红葡萄酒的葡萄品种 867hm²，占 87%，用于酿造白葡萄酒的葡萄品种 133hm²，占 13%。在红酒品种中，梅鹿辄、赤霞珠 733hm²，占红酒品种的 85%，实现了品种良种化、区域化，农民收入累计达 4700 万元；山区葡萄生产严格实行控产提质，使葡萄糖度达到 18 度以上，红色品种色度达到 4.5 度以上；示范园糖度 20 度以上，色度 5 度以上，使蓟州酒用葡萄基地产品质量达到全国先进水平。

到 2017 年，葡萄面积 674hm²，产量 1867 万 kg。

酒用葡萄主要品种：贵人香、梅鹿辄、赤霞珠、蛇龙珠 、品丽珠、烟 73、烟 74、霞多丽、白玉霓。

鲜食葡萄主要品种：红地球、巨峰、粉红亚都密、乍娜、玫瑰香、里扎马特、葡萄园皇后、京亚、京秀、藤稔、87-1 早玫瑰、粉红太妃、绿提、黑奥林、无核白鸡心、黑大粒。

1.2.6 山楂 (红果)

山楂又称红果、山里红，是山区主要果品之一。分布在许家台、官庄、罗庄子、下营、邦均等镇乡，以官庄镇的梁庄子、沟河北和罗庄子、旱店子、赵家峪等村的红果质量最佳，产量最高。

1935 年，区内已有红果栽植。

20 世纪 50 年代，山区有红果树 8.6 万株；20 世纪 70 年代，山区有红果树 11.8 万株，主要在官庄镇的沟河北村、梁庄子村，罗庄子镇的旱店子村，邦军镇的夏各庄等村。

20 世纪 80 年代初期，引进了大绵球、大金星等优良品种，共 1333hm²、33.5 万株。主要分布在于桥水库南岸及部分半山区的马伸桥、五百户、西龙虎峪、官庄、别山等镇乡。1983 年，旱店子村有一棵红果树产果 405kg，居山区红果单株产量之首，被称为"红果王"。

1985 年，山区有红果 1800hm²、86.2 万株，产量达 200 万 kg，其经济价值占干鲜果品第四位。

2017 年，由于山楂市场价格低迷，山区面积仅 1038.4hm²，产量 623 万 kg。主要品种有 6 个：大金星、小金星、大绵球、歪把红、雾灵红、铁果。

1.2.7 杏

杏栽培历史悠久，分布于山区、丘陵，尤以下营和邦均最多。

明嘉靖年间，就有杏栽培。主要品种有：香白杏、麦黄杏、大红杏、土香白等。

新中国成立后，没有大面积发展，年产量 60 万 ~ 70 万 kg。

1985 年，山区有香白杏园地 533.33hm²，树 77000 株，年产 75 万 ~ 100 万 kg，主要销往区内市场及天津市。

2017 年，杏面积发展到 620.3hm²，产量达到 344 万 kg。主要品种有：麦黄杏、金太阳、新世纪、银白杏、凯特、盘山水香白、大香白杏。

1.2.8 李子

明嘉靖年间，山区就有李子栽培，但在 20 世纪 70 年代以前，既没有规模栽培，又缺少丰富的种质资源，只是零星分散栽植。80 年代，随着市场的需求变化，李子的栽培开始受到青睐，国内外优良品种相继引入，栽培较多的有马伸桥、下营、邦均等镇乡。

2013 年，主要品种有 23 个：井上李、大石早生、盖县大李、玫瑰皇后、黑宝石、安哥诺、秋姬、秋红、秋凌、香蕉李、中国大紫、女神、梅杏、总统一号、总统二号、红宝石、法兰西、摩亚、风味玫瑰、风味皇后、恐龙蛋、味王、味厚。

2017 年，李子面积 290hm²，产量 261 万 kg。

1.2.9 欧李

欧李是原生于我国的古野生树种，进入 20 世纪八九十年代，野生小杂果的开发价值逐渐被认识。欧李具有耐寒、耐盐碱、耐瘠薄、耐干旱等特性，果实营养价值高。

山区所栽植的欧李主要品种有 5 个：红珍珠（俗称羊屎豆）、燕山钙果王（又名大磨扇）、红金、大珍珠、白玉。

1.2.10 樱桃

明嘉靖年间，山区就有樱桃栽培。樱桃品种很多，近 20 多年来，引进了大量欧美品种，资源越来越丰富。

樱桃在山区规模化栽培的历史很短，但它适应自然条件，抗旱抗寒能力强，市场前景好。

山区所栽植的樱桃主要品种有 6 个：红灯、拉宾斯、意大利早红、雷尼、那翁、佳红。

1.2.11 桑葚

明嘉靖年间，山区就有桑葚栽培，是传统乡土树种，分布广泛，野生、栽培均有之，而栽培者尤以别山镇史各庄为最。桑葚果实成熟早，味道甘美，但长期以来未引起人们的重视，所以一直被排除在果树之外。随着果树生产的发展，许多野生树种相继引起人们的高度重视，桑葚则是其中一种。

山区所栽植的主要桑葚品种有：黑霸、鸡桑、白果王等。

2017 年，桑葚面积 $200hm^2$，产量 60 万 kg。

1.2.12 脆枣

脆枣在山区村户的庭院栽培历史久远，主要作为自食的一个小果，没有品种。

20 世纪 90 年代，区林业局技术人员调查，在别山镇三间房、官庄镇塔院、罗庄子镇磨盘峪等村户栽培有 200 多棵优良脆枣，据分析该脆枣是清代遗留下来的优良脆枣品种。经高接优选、培育后定名"蓟州脆枣"。该枣成熟在国庆、中秋两节期间，甜又脆，品质优良，效益好。到 2006 年，山区利用野生酸枣等嫁接脆枣 100 多万株。在此期间，又引进冬枣、雪枣、马牙枣、大王枣、赞皇枣、梨枣等鲜长枣品种。

1.2.13 树莓

树莓是一种适应性很强和抗寒性很强的树种，海拔100m以上的山区多有野生树莓（蓬果悬钩子），20世纪90年代，官庄镇中智农场从北京市引入栽培。

1.2.14 蓝莓

2005年，孙各庄乡引入蓝莓栽植，2010年，山区马伸桥镇淋河村引入。其中伯克利和布里吉塔表现最好，果个大，口感好。

2017年，蓝莓面积200hm^2，产量60万kg。

蓝莓主要品种有4个：伯克利、蓝丰、蓝金、布里吉塔。

1.2.15 其他果树

其他果树还有猕猴桃、黑枣、花红等果树。

猕猴桃主要品种有海沃德、秦美、软枣猕猴桃、常州猕猴桃、81-7。软枣猕猴桃，又名软枣子，是一种古老的藤本植物，主要分布在八仙桌子林区和九山顶林区，约有7000棵，年产20000kg。

黑枣主要品种有奶枣、普通黑枣、八根柴。

2017年，猕猴桃、黑枣栽植面积100hm^2，年总产量69万kg。

1.3 山区干果

2017年，山区干果主要有板栗、核桃、枣、榛子等果树。

1.3.1 板栗

境内板栗栽培有600多年的历史。

20世纪40年代末期，有板栗树4万多株，年产量6.5万kg，主要在下营、小港、官庄、许家台一带。20世纪50—60年代，板栗栽培没有发展；70年代，区内开始大规模发展板栗，先后引进朝鲜板栗及毛栗等品种；到1985年，有406.67hm^2，13.4万株，年产量达到13万kg。

2017年，山区板栗栽植面积3 582.3hm^2，总产量134万kg。

山区板栗主要品种有燕山红栗、银丰、短丰、燕魁、早丰、营石栗、津早丰、红光、观赏红光栗、大板红、迁安二号、西沟一号（北峪二号）、塔栗（又名燕昌栗）、浙江魁栗、虎爪栗、盛花、全栗、日本栗、朝鲜板栗、山东红栗、上庄二号、上庄四号、明栗。

1.3.2 核桃

明嘉靖年间，山区就有核桃栽培，已有 600 多年的历史。

20 世纪 40 年代末期，山区有核桃树 3.8 万株，年产量 10 万 kg，多数零星分散在土层较深厚的山沟两侧，主要集中在下营镇的西大峪、小港乡的道古峪、许家台镇的芦家峪、罗庄子乡的白峪等村。

50—60 年代，核桃在下营、小港、孙各庄等地有所发展，引进了优良品种新疆核桃。20 世纪 70 年代，在高山上栽种核桃树，形成芦家峪、下营、段庄等 10 多处万株核桃山。由于管理不善，经济效益很低。70 年代，在高山上栽种核桃树，形成芦家峪、下营、段庄等 10 多处万株核桃山。1985 年，区内有核桃树 13.3 万株，年产量 35 万 kg。1991 年以来，先后从中国林业科学研究院和北京市农林科学院林果所引入辽核 1、2、3、4 号，引入西扶、绿波、温 185、扎 343、香玲、鲁光、薄壳香等早实核桃新品种，在西龙虎峪镇龙北村改接大核桃树 250 株，并开始推广核桃嫁接技术。

20 世纪末，山区抓住山区缓坡开发，生态林业发展，京津风沙源治理，退耕还林等机遇，使核桃生产再现新高潮。栽培上出现了孙各庄千亩连片核桃川，西龙虎峪乡、下营镇、官庄镇、五百户乡等百亩以上核桃园。2003 年，又从山西引进晋龙核桃成品苗 4000 株，定植在邦均镇东后街村。

山区核桃主要品种有核桃楸（山核桃）、麻核桃、铁狮子头、四道楼、大绵核桃、美国黑核桃、辽核一号、辽核二号、辽核三号、辽核四号、辽核七号、中林一号、中林五号、西扶一号、鲁光、薄壳香、香铃、丰辉、绿波、扎 343、温 185、晋龙二号、京 861、新疆核桃。

1.3.3 小枣

明嘉靖年间，山区就有小枣树栽培。

枣树在山区分布广泛，历史上尤以别山、白涧等地的小枣为多。20 世纪 60 年代，枣树生产逐渐下滑。90 年代，小枣树生产进入有序平稳发展时期。

山区枣树主要品种有孤树小枣、金丝小枣、无核小枣、酸枣（棘）。

1.3.4 仁用杏

仁用杏在山区栽培是从 20 世纪 80 年代开始的，区林业局从北京引进几个品种之后，又从河北省蔚县引进一批苗木，在白涧、罗庄子、下营、五百户等镇乡栽培。主要品种有 一窝蜂、龙王帽、串铃、白玉扁。

1.3.5 文冠果

1974 年，当时县农林局从唐山地区引入；2013 年，在罗庄子镇杨庄村、下营镇中营、西大峪，城关镇上宝塔村还零散保留一部分。

1.3.6 榛子

明朝嘉靖年间，山区就有野生榛子，现在也有零星分布。主要品种有平榛、毛榛。

1.3.7 花椒

花椒树栽培历史悠久，主要品种有伏椒、枸椒、秋椒，以山区庭院为主。

1.4 果树管理技术

1.4.1 酒用葡萄工厂化单芽育苗和早期密植丰产栽培技术

在日光温室内，选择直径 8cm，高 15cm 的塑料袋，底部两角各剪一个排水孔，将腐熟好的有机肥、细土、细沙按 1∶1∶1 的比例充分拌匀，装入营养袋并摆放在育苗畦上。首先用电热将插条催根（白天床温控制在 25 ～ 30℃，夜间控制在 15℃以上，室温 20℃以上），经过 15 天，将插条插入营养袋中育苗。其次是长出 2 片新叶后，每隔 15 天喷 1 次 0.1% 的尿素，后期喷 0.1% ～ 0.2% 的尿素和磷酸二氢钾的混合液，温控在 25 ～ 30℃。第三是炼苗，幼苗长到 3 ～ 4 片叶时开始炼苗，为移植大田做准备。

1.4.2 红地球葡萄无公害生产技术

一是配方施肥技术，主要是果园重施磷钾肥技术。根据果树生长情况，把氮、磷、钾使用比例调整为 1∶0.7∶1。栽后 10 天和 6 月中旬，以打孔方式追施速效氮肥、尿素 7kg、10kg。7 月上旬和 8 月中旬结合灌水，施葡萄专用肥和生物菌肥，用量 15kg 和 20kg。每隔 15 ~ 20 天进行叶面喷肥，7 月之后以磷钾肥为主，确保葡萄蔓的粗度在冬剪时超过 1cm。

二是确立独龙干的树体结构。根据多年经验，技术人员纠正了传统的多干形树体结构，推广小棚架、独龙干形结构，株距 0.8m，行距 3 ~ 4m，行向与梯田的长边相平行。架面朝西或朝北，防止幼果日烧病。修剪方式，分为休眠落叶期修剪和生长期修剪，即冬剪和夏剪，冬剪在葡萄正常落叶后 2 ~ 3 周内进行，至 11 月中上旬剪完。夏剪，当年定植幼苗长到 80cm 时摘心、去梢、定芽，促使枝梢木质化，提高花芽质量。

三是花果管理配套技术。研究表明，合理负载和进行果穗处理是提高红地球葡萄果品质量的重要措施之一。项目组采用了果穗整形、疏花疏果、果实套袋、摘叶转果以及严格控产综合技术，盛果期亩产不超过 1250kg，以确保质量。

四是植物生长调节剂应用技术。推广应用膨大剂，将果穗拉长、果实膨大。

五是秋施基肥。亩施 3000 ~ 4000kg，盛果期，果与肥比例 1 : 3，适当掺入矿质元素。

六是病虫害综合防治技术。选用高效、低毒、低残留的农药，防治白腐病，使用 70% 甲基托布津，杀虫剂选用苏云杆菌、白僵菌和利用天敌防治。

1.4.3 盘山磨盘柿优质栽培技术

盘山磨盘柿在山区栽培历史悠久，以果大、皮薄、汤清、甘甜、营养丰富而在国内市场享有盛名，并远销东南亚。

爆破施肥、蓄水：适用于陡坡土薄的弱柿树，通过爆破方法，可有效疏松深层土壤，利于根系生长，增产幅度大。技术是根据树冠大小，每株树盘放 3 ~ 4 炮。炮眼要打在树冠垂直投影外围，深 1 ~ 1.4m，每炮装硝铵炸药 0.2 ~ 0.3kg，再加尿素或磷酸二铵 0.1 ~ 0.3kg，封土引爆，爆破后修整成平台，形成"小水库"。

调整树形控树高：针对稀植大冠的老柿树，采取了"疏、落、缩"三字法。疏，即按照自然疏散分层形树形的要求，因树修剪调整树体骨架，把主枝控制在 5 ~ 7 个。落，即适当落头开心，控制树高，打开"天窗"引光入膛。树高由 8m 以上落到 6m 左右。缩，即对多年生大、中型枝及时回缩，促发潜芽，充实内膛，达到树冠紧凑、立体结果的结构。

"精细修剪保稳产"：是壮树、稳产、提高单果重的关键措施，主要是按树体情况确定结果母枝留量，并及时更新复壮结果枝组，疏除一切无效枝，防止结果部位外移，指标是每平方米树冠投影面积留 9 ～ 12 个结果母枝，比一般轻剪多留的树坐果提高 44%，单果增产 50g 左右。

针刺疏果法：因柿树树体高大，人工疏果难度大，用一粗 1 ～ 2mm 长 30cm 的钢丝绑在一长杆上，制成疏果器，用疏果器上的钢丝针刺伤要疏除的柿果，刺后 5 天柿果脱落，达到疏果目的。

1.4.4 柿果脱涩保脆专利技术

盘山磨盘柿属涩柿类，人工脱涩后肉质脆嫩，口感细腻，甜脆爽口，备受人们青睐。采用传统的脱涩方法脱涩后，柿果不但品质难以保证，而且脱涩后柿果很快软化变成汤柿，所以多年来蓟州区都以销售自然脱涩的冻柿为主，影响了柿园经济效益。为了保证脱涩后柿果的优良品质，延长脆柿供市时间，本公司组织专业技术人员，进行专题攻关，经过几年的试验、摸索，改进栽培措施，应用聚乙烯烃无毒材料包装，低温贮藏方法取得了重大突破，经小批量生产使柿果脱涩后保脆时间延长到 87 天，柿果甜脆如初，适合规模化生产，此项技术于 2003 年获得国家知识产权局授予的发明专利。

1.4.5 天津板栗早期丰产栽培技术

天津板栗是山区古老的栽培品种，历史悠久，以其果大整齐、果皮光泽美观、味甜水分少被称为东方"黑珍珠"享誉海内外，尤其是日本市场，价格持续上扬，供不应求。

针对品种、水、管理 3 项制约板栗生产的主要因素，采取 4 项配套技术措施：

一是推广节水抗旱栽培和保水剂应用技术。对板栗树做好树下水土保持工程，垒树盘外高里低，拦蓄雨水；施保水剂，幼树栽植采用保水剂蘸根、穴施保水剂方法，成树采用树下开沟（深 20 ～ 30cm）施保水剂方法，每平方米树冠投影施 10 ～ 20g；树下覆草技术，夏季用麦秸、玉米秸或割青草覆盖于树冠下，厚 20cm 以上；叶面喷施旱地龙，生长季节喷施 150 ～ 200 倍旱地龙，对抑制板栗叶面水分蒸腾，减少树体水分损失效果明显。

二是改进管理技术。抓树下管理，增强树势。推广了树下扩穴、换土、增施肥料的措施。改善树的立地条件，提高树体营养水平，让栗树吃饱喝足；改进修剪方法，过去板栗的修剪不用剪枝剪而用钩镰进行清膛，结果使板栗结果部位年年外移，树体大、光照差，产量低，技术人员引进了实膛修剪法，对树体进行改造，去掉影响光照的大枝，增加了结果母枝，实现了立体结果；密植丰产栽培，改过去大冠栽植为密植栽培。每亩株数由过去十几株增加到 44 ~ 83 株，密植后树体矮冠紧凑，管理方便，每亩产量过去几千克提高到 50kg，高产地块达到 2kg 以上；抓主要害虫红蜘蛛的防治，板栗树病虫害少，红蜘蛛是主要害虫，常造成栗树落叶、对产量和质量影响较大。在预测预报的基础上推广了涂药环和叶面喷药相结合的防治方法，保护了树体，控制了危害。

1.4.6 山地低质低效果树劣改优技术

为了提高果园经济效益，实施了以壮树养根为基础，以提高果品质量为中心的一系列综合改造措施：

一是抓基础强根壮树。坡地树下做树盘，贮雨水，树盘内覆草保墒情，增加有机质含量。每株施农家肥 50 ~ 100kg，追肥 2 ~ 3 次，氮、磷、钾比例 2：1：2。浇好三次关键水，即萌芽水、幼果发育水和封冻水。

二是开光路，调整树体结构。

三是更新品种，高接换优。

为了提高果品质量，增加市场竞争力，推广实施了人工授粉、疏花疏果、果实套袋、摘叶转果、树下铺反光膜等一系列技术，大大提高了果品商品率，果品价格平均提高 0.3 元 /kg。

1.4.7 山地野生酸枣改接优质大枣技术

酸枣硬枝嫁接技术包括劈接、切接、腹接和插皮接，以劈接为主。技术的关键点：一是嫁接时间，4 月 10 ~ 25 日。在这段时间，成活率达 95% 以上；二是接穗不失水，贮存接穗除适宜的温度外，就是保持湿度；三是接穗要削平，砧木与接穗的形成层对准，绑紧封严不透风。

嫁接后，待新梢长到 30 ~ 40cm 时，绑支柱，防止刮断接穗。每株施优质农家肥 10 ~ 20kg。

在枣整形修剪上推广了细长纺锤形树体结构，全树高 2.5m，冠径 2m，干高 0.6m，中心干上错落生约 10 个骨干枝。还推广应用摘心、开甲、花期喷水等早期丰产技术。

第2章

常见果树品种

薔薇科

Rosaceae

海棠

蔷薇科 Rosaceae 苹果属 *Malus*

　　果呈扁平形，四周有明显的八道棱凸起。根系发达、树体强健、抗寒、抗旱、抗涝、抗盐碱、抗病虫、耐瘠薄、耐水湿，适宜在各种土质中生长。嫁接亲和力强、生长迅速、幼苗嫁接成活率高，能在含盐量为 0.5% 的土壤中正常生长。

山荆子

蔷薇科 Rosaceae   苹果属 *Malus*

    培育耐寒苹果品种的原始材料，幼苗可供苹果的嫁接砧木。落叶乔木，树高可达 4～5m。树干灰褐色，光滑，不易开裂。新梢黄褐色，无毛；嫩梢绿色微带红褐。叶片椭圆形，先端渐尖，基部楔形，叶缘锯齿细锐。伞形总状花序；花白色，6 月开花。果近球形，直径 0.8～1cm，红色或黄色，脱萼，萼洼有圆形锈斑，果柄长为果实的 3～4 倍。果实 9 月中下旬成熟。

沙果

☐ 蔷薇科 Rosaceae ◯ 苹果属 *Malus*

  又名花红。本地区栽培的古老苹果品种。萌芽力中等、成枝力强，树势强健，生长旺盛，树姿开张。4月上旬发芽、中下旬开花；8月上中旬果实采收，果实近圆形，单果重42～56g，果面平滑，底浅黄白色，着色正常时果面鲜红色，色泽艳丽，外形美观；果肉黄白色，果汁中多，味甜酸，有微香。

马蹄奈子

蔷薇科 Rosaceae   苹果属 *Malus*

又名赖子。 本地区古老栽培的苹果品种之一。萌芽力强、成枝力中等，幼树树势强健、树姿半开张，随树龄增长转为开张形树冠。4月上旬发芽，下旬开花，8月中旬至9月上旬采摘。果实扁圆形，一边稍歪斜，单果重55～65g，果面平滑，底黄白色，充分着色时果面布鲜红霞，果汁中多，味甜，有香气。

宫藤富士

🔲 蔷薇科 Rosaceae　🔲 苹果属 *Malus*

　　幼树生长旺盛，树冠高大。主干树皮浅褐色，皮面粗糙。叶片椭圆形。花芽大。5 ～ 6 年见果，盛果期树，长中短果枝均有，坐果率高。花期 4 月底，果实成熟期 10 月下旬至 11 月初。果个中、大型，果形近圆形或扁圆形，单果重 200g，成熟时底色近淡黄色，片状或条纹状鲜红色；果肉淡黄色，细脆汁多，风味浓甜，具芳香，耐贮运。

嘎啦

🔲 蔷薇科 Rosaceae　　🍃 苹果属 Malus

　　果实近圆形或圆锥形，果顶略有五棱，大小较整齐；果个中等大，平均单果重 160 ～ 200g；成熟时，果皮底色黄，果皮红色，有红晕或深红色条纹；果皮薄，有光泽，洁净美观；果肉乳黄色，肉质松脆，汁中多，酸甜味淡，有香气。花芽中大，花期 4 月下旬，果实生育期 120 天，8 月下旬至 9 月上旬成熟。

黄元帅

薔薇科 Rosaceae　　苹果属 *Malus*

　　落叶乔木，树势强健，树冠开张。叶子椭圆形，花白色带有红晕。果实圆锥形，果顶有明显的五棱，果重 200 ~ 240g，大者可达 500g 以上；果实 9 月下旬成熟，成熟时底色黄绿色，多被有鲜红色霞和浓红色条纹；果肉淡黄色，致密多汁，香味浓或略带酸味，生食品质极上。

王林

◻蔷薇科 Rosaceae　◎苹果属 Malus

　　幼树生长迅速，萌芽力和发枝力强，树姿紧凑直立，叶片大而厚，叶柄粗较长。花芽较小，3～4 年可见果，10 月中旬成熟。果实长卵圆形，果个大，单果重 250～300g。成熟时底色黄绿色，阳面被有橙红色晕；果点锈褐色；果肉黄白色，脆而多汁，味甜，香气浓。耐贮运，可贮至翌年 4～5 月不变质。

伏锦

蔷薇科 Rosaceae　　苹果属 *Malus*

早熟品种。幼树生长势较旺，树姿开张，树冠形成较快，树冠大，半圆形。树干黄褐色，叶片大，叶缘稍呈波浪形。花芽大，4月中旬花芽萌动，5月上中旬盛花。果实8月上中旬成熟。果实平均单果重120～150g，圆锥形，外观好，果肉黄白色，肉质细、脆，汁多。

新红星

蔷薇科 Rosaceae　　苹果属 *Malus*

　　树形纺锤形，树体强壮、直立，枝粗壮，树冠紧凑，结果早，适宜密植栽培。果实个头中大，单重150～200g，大的500g以上。果形指数为1左右，果实呈圆锥形。果实初上色时出现明显的断续红条纹，随后出现红色霞，充分着色后全果浓红，并有明显的紫红粗条纹。果面光滑，蜡质厚，果粉较多，萼洼深中广，五棱突起显著，外观美，果肉淡黄色，松脆，果汁多，香甜可口。

乙女

蔷薇科 Rosaceae　　苹果属 *Malus*

又名吉祥果。树姿直立，树冠阔圆锥形。多年生木本植物，1年生枝多斜生，红褐色；皮孔较少，圆形，较明显。叶片中大，长椭圆形，绿色，稍有光泽，平均叶长8.0cm，宽4.2cm，叶基圆，叶尖渐尖，叶背茸毛较多，叶柄基部稍有红色，托叶较大。每花序4～6朵花，花瓣白色，花冠直径平均4.2cm；花季过后硕果累累，金秋时节果实变红，带来吉祥如意。

红津轻

▣ 蔷薇科 Rosaceae　　◯ 苹果属 *Malus*

　　日本津轻品种芽变系，8 月中旬成熟，果实近圆形，苹果重约 180g；底色黄绿，阳面有红霞，全面着色时全红。果面少光泽，梗洼处易生果锈。果肉乳白色，肉质松脆，汁多，风味酸甜，稍有香气，含可溶性固形物 14% 左右，品质上等。

陆奥

🔲 蔷薇科 Rosaceae　🔵 苹果属 *Malus*

　　树体矮小，适合密植栽培，管理容易，果实大，品质佳，10 月下旬果实成熟，是中晚熟短枝型黄色品种。幼树生长旺盛，长、中、短枝成花能力均强。结果早而丰产，单果重 400 ～ 600g。果形长圆，高桩。果皮黄绿色，果点稀而小，果面洁净无锈。果肉黄白色，果汁多，糖度 14%，酸度适宜，香味浓，口感好。

蜜脆

蔷薇科 Rosaceae　　苹果属 *Malus*

　　树势中庸，生长强健，树姿较开张，树冠圆锥形。多年生枝灰褐色，皮孔较多，白色，较小。叶片卵圆形，肥厚较大，叶缘向叶背倾。萌芽率高，幼树强，以中短果枝结果为主，腋花芽较少，壮枝易成花芽，连续结果能力强。果实圆锥形，平均单果重310～330g；果点小、密，果皮薄，光滑有光泽，有蜡质，果面稍有不平，果面着鲜红色条纹，成熟后果面全红，色泽艳丽，口感好。

莫里斯

🌿 蔷薇科 *Rosaceae*　🍎 苹果属 *Malus*

又名摩利斯。果形端正美观，近圆形；果皮光亮红润，红中透粉，有条红，也有片段红。水分多、糖度高，口感脆甜，十分可口。果肉浅黄色，肉质致密、细脆、汁多，品质上乘。

夏红

🔲 蔷薇科 Rosaceae 　🔘 苹果属 Malus

又名六月红。早熟品种。幼树树势健壮，结果后树体中庸；树姿稍开张，树冠呈自然圆头形。枝条较软，开张；1年生枝淡褐色，成枝力中等。叶芽较小，花芽中大，叶片长卵形，复锯齿，较薄，叶色黄绿，每花序5～6朵。高接树通常2年开花结果，幼树第3年结果，初结果树以腋花芽为主，盛果期以短果枝结果为主，每花序可坐果1～3个。果点中少等，果皮偏薄，着色鲜红。

宏前富士

薔薇科 *Rosaceae*   苹果属 *Malus*

　　又名玉华早富。树势强健，萌芽率高成枝率中等，果枝连续结果能力较强，高接换头次年能见花果。7月中下旬果实开始着色，9月上中旬成熟，果实生育期145～150天；果实近圆形，单果重220～520g居多，最大750g；果面底色黄白、条状浓红（条红），着色鲜艳，果肉黄白色，汁液多，甜酸适口。可贮藏至翌年3月，经济效益可观。

祝光

薔薇科 Rosaceae　　苹果属 *Malus*

又名美夏。幼树生长旺盛，萌芽力和成枝力都强，树姿直立或半开张，树冠呈圆锥形。4 月上中旬开花，花期 8 ~ 10 天。果实发育至成熟 80 ~ 100 天，8 月上中旬成熟；果实中等大小，单果重 110 ~ 220g，短椭圆形或圆锥形，果面细致平滑，底色黄绿，阳面有红霞及红色条纹，果肉黄白色，质细多汁，味甜少酸有香气。

富秋

▣ 蔷薇科 Rosaceae   ◐ 苹果属 Malus

果实近圆形，果形指数 0.88，有明显的五棱突起，平均单果重 220g。果面暗红色、蜡质厚、光洁，肉质致密，风味甜、酸味少、香气浓，品质上等。9 月中旬成熟，贮藏性极好，常温下贮藏至翌年的 3 ~ 4 月，果肉不变绵。

红香蕉

蔷薇科 *Rosaceae*　　苹果属 *Malus*

从马来西亚引进到我国种植，是我国北方主要的中熟苹果品种之一，广泛栽培。属落叶乔木，叶椭圆形，有锯齿，花白微红，果实圆形，色泽鲜艳美观，肉质细嫩，芳香浓郁，果肉柔软香甜，像香蕉一样，因此得名。盛夏高温季节成熟，老人、儿童、久病体虚的人适宜食用红香蕉苹果。

安梨

■ 蔷薇科 Rosaceae　◐ 梨属 *Pyrus*

又名酸梨。树体高大，最高可达 40m 以上，寿命长，四五百年生大树仍能正常结果。适应性强、抗病，生长旺盛，枝条萌芽和成枝力均强，叶片大而厚，7 ~ 10 年后进入结果期，果实 9 月下旬至 10 月上旬成熟。果实球形或扁圆形，果皮呈绿色，果点大而密，果肉白色，石细胞大而多，经贮藏后，果肉变软，味酸或酸甜爽口。

杜梨

🔲 蔷薇科 Rosaceae　　🍃 梨属 *Pyrus*

　　落叶乔木，嫁接梨的主要砧木，高可达 12m。小枝棘刺状，叶长卵形，长 5 ~ 9cm，叶缘有粗锯齿。花乳白色。果赭石色，粒径 2cm 左右；果实圆而小，味涩可食。花期 4 月中下旬至 5 月上旬，果熟期为 8 月中下旬至 9 月中旬。

京白梨

🔲 蔷薇科 Rosaceae　🔵 梨属 *Pyrus*

又名北京白梨。幼年树势中庸，枝条生长直立，萌芽力较强成枝力中等，形成花芽较晚。栽后 5 ～ 6 年开始结果，果实 8 月下旬采收，后熟期 10 天；果个较小，平均单果重 90 ～ 100g，最大 150g，果实扁圆形，黄绿色，成熟后黄色，外形美观，果皮薄而光滑，果点小，褐色，较稀；果肉黄白色，采时脆嫩，后熟后变软，汁多味甜，香气浓郁，果心中大，石细胞少，品质上。

绿宝石

　蔷薇科 Rosaceae　　　梨属 *Pyrus*

又名中梨 1 号。生长势强，萌芽率高，成枝力中等。树冠圆头形，幼树生长直立，成龄树较开张，分枝少，背上枝较多，分枝角度小。树干浅灰褐色，多年生枝棕褐色，树皮光滑，1 年生枝黄褐色，新梢年平均生长量 45cm，新梢绒毛为白色。叶片长卵圆形，深绿色，平展，叶缘锯齿锐且密，叶芽中等大，三角形。花芽肥大，心脏形，花冠白色。果实圆形或扁圆形，果形整齐，略偏斜。

锦丰

🔲 蔷薇科 Rosaceae　　◑ 梨属 *Pyrus*

　　树冠阔圆锥形，树姿较直立，主干及多年生枝灰尘褐色，1年生枝黑褐色。叶片卵圆形，叶片深绿，嫩叶绿中带紫红色；叶尖突尖，叶基圆形。花冠白色带粉红色。果实大，近圆形，果皮黄绿色，贮后黄色，果面平滑，有蜡质光泽，有的具小锈斑，果点中多，大而明显；果心小，果肉白色，肉质细嫩松脆，汁液多，石细胞少，风味浓郁，甜酸可口。

雪花梨

蔷薇科 Rosaceae 梨属 *Pyrus*

幼树生长较弱，枝条直立，萌芽力中等，成枝力弱。开始结果年龄较早，一般 3 ~ 4 年开始结果，果实 9 月下旬成熟，耐贮运，可贮存到翌年 2 ~ 3 月；果实长卵圆形或长椭圆形，平均重300g，最大可达 1500g；绿黄色，皮细而光滑，有蜡质，贮后变鲜黄色；果点褐色，较少而密，分布均匀；果肉白色，脆而多汁，有微香，味甜，品质上。

黄冠

■蔷薇科 Rosaceae　　●梨属 *Pyrus*

　　幼树生长健旺，萌芽力强，成枝力中等，栽后 2 ~ 3 年开始见果，以短果枝结果为主，8 月下旬至 9 月上旬采收。果实椭圆形，果大，平均单果重 180g，最大可达 600g。果皮绿黄色，贮后变为黄色，果面光滑无锈，果心小，果皮薄，果肉白色，细嫩多汁、味甜，有微香。

秋白梨

■ 蔷薇科 Rosaceae 🌿 梨属 *Pyrus*

又名白梨。栽培后 6 ~ 7 年结果，15 年生时进入盛果期，以短果枝结果为主，大树腋花芽也能结果，果台枝连续结果能力较差，结果部位易外移，果实 9 月末成熟，耐贮藏。果实中大，平均重 150g，长圆或椭圆形，果皮黄色，有蜡质光泽，皮较厚，果点小而密。果肉白色，质细而脆，汁多，味甜，无香味。

蜜梨

蔷薇科 Rosaceae 　　梨属 *Pyrus*

　　果实 9 月下旬成熟，果个较大，平均重 200g 以上，最大 700g。果实长卵圆形，果面光洁、黄绿，着鲜红色晕，具蜡质。果点中大而密，萼片残存，果实萼端微突起，萼洼浅而广，外观美丽。果肉白色，细腻汁多、味甜、香气浓，耐贮。

早酥

蔷薇科 Rosaceae   梨属 *Pyrus*

栽植后 4～5 年结果，丰产性强，8 月上旬成熟，不耐贮。果实倒卵形，个大，单果重 200g，最大可长到 700g。果顶突出，有明显棱沟，果皮绿黄色，细腻光亮美观，果肉白色，质细酥脆，汁多味甜，品质上等。

红香酥

☐ 蔷薇科 Rosaceae   ◐ 梨属 *Pyrus*

果实椭圆形，单时重 91g，果皮黄绿色，具褐色果点，果皮薄，肉质甜脆多汁，有香味，石细胞少。果实耐贮，可贮存 240 天。抗寒、抗旱能力强，抗风能力弱，枝条易风折，对肥水要求较高，易栽培在地势高，气候干燥，排水良好的砂质壤土，在低注、土壤黏重地栽培发育不良。

白梨

蔷薇科 Rosaceae　　梨属 *Pyrus*

乔木，高达 5 ~ 8m。树冠开展，小枝粗壮，幼时有柔毛；2年生的枝紫褐色，具稀疏皮孔。叶柄长 2.5 ~ 7cm，托叶膜质，边缘具腺齿；叶片卵形或椭圆形，长 5 ~ 11cm，宽 3.5 ~ 6cm；先端渐尖或急尖，基部宽楔形，边缘有带刺芒尖锐齿，微向内合拢，初时两面有绒毛，老叶无毛。

佛见喜

蔷薇科 Rosaceae　　梨属 *Pyrus*

　　一种独特的梨品种，中型果，形似苹果，表面有红色。梨香脆多汁，口感细腻无柴，甜度适口。

巴梨
蔷薇科 Rosaceae　梨属 *Pyrus*

　　树势不稳定，幼树生长旺盛，枝条直立，呈扫帚状或圆锥状，萌芽力中等，成枝力较强，单枝生长量大。幼树一般 3 ～ 4 年始果，有腋花芽结果习性。初盛果期树势健壮，以短果枝群结果为主。采收期为 8 月中旬，果实较大，单果重 250g，果实为粗颈葫芦形。果皮黄绿色，贮后黄色，阳面有红晕。果肉肉质柔软，易溶于口，石细胞极少，多汁，味浓香甜。

红巴梨

■ 蔷薇科 Rosaceae　　◯ 梨属 Pyrus

　　适应性强，树势强旺，树冠中大，萌芽力、成枝力均强，幼树树姿直立，结果后开张，以中短果枝结果为主。果实较大，平均单果重 208g，大果达 374g。果实粗颈葫芦形，果皮自幼果期即为褐红色，成熟时果面大部着褐红色。果点小而密，果肉白色，采后 10 天左右果肉变软，易溶于口，味浓甜，品质上。

爱宕梨

🔲 蔷薇科 *Rosaceae*　　◎ 梨属 *Pyrus*

个大、味浓、水分大、果形整齐均匀，果实脆，味浓可口，耐贮存。色泽鲜亮，平均单果重 400g 左右，最大果重 1850g。含糖量 9.98%，酸量 0.23%，属中上等品质。

红太阳

▣ 蔷薇科 Rosaceae ◐ 梨属 *Pyrus*

　　树冠阔圆锥形，普通高大株形，6 年生株高 3.5m，长势中庸偏强，萌芽率高，成枝力较强。结果早，一般嫁接苗定植 3 年即开始结果；以短果枝结果为主，中、长果枝亦能结果。叶芽细圆锥形，花芽卵圆形，花序坐果率高达 67%，花朵坐果率为 26%，7 月底至 8 月上旬成熟。平均单果重 200g，卵圆形，形似珍珠，外观鲜红亮丽，肉质细脆。果实常温下可贮藏 10 ~ 15 天，冷藏条件下可贮 3 ~ 4 月。

红星梨

蔷薇科 Rosaceae　梨属 Pyrus

　　抗梨黑星病、锈病能力强，耐干旱，易感染梨尻腐病（萼端发黑），树势衰弱时枝干易感染干腐病。果实成熟期为 7 月初，果实短葫芦形，全面暗红色。果实个大，单果重 250g，果心极小，果肉乳白色，肉质细嫩柔软，风味甘甜可口，品质优良，商品价值高。

红香蜜

▣ 蔷薇科 Rosaceae ◯ 梨属 *Pyrus*

　　幼树生长旺盛，直立性强，成年树冠近圆形，树姿较开张。主干灰色，较光滑，1年生枝灰褐色，叶片长卵圆形。每花序有花5～6朵，花瓣长椭圆形，花冠粉红色。果实近似纺锤形或倒卵圆形，平均单果重235g（较红香酥梨果实个大），底色黄绿色，阳面鲜红色晕；果心极小，果肉乳白色，肉质酥脆细嫩，品质极上。

南果梨

■ 蔷薇科 Rosaceae ○ 梨属 Pyrus

果树长势中庸，树体高大，生长健壮，树冠开张。树皮呈灰褐色，光亮。芽早熟，叶芽细长，圆锥形，叶片呈倒卵形或椭圆形，叶缘具刺毛状齿。花瓣近椭圆形，边缘比较整齐，蕾期为淡红色，初开为粉红色，盛开时为白色。果实扁圆形到近球形，平均单果重 50 ~ 75g，最大单果重可达 170g；阳面带有红晕，色泽鲜艳美观；果点较大，近圆形，分布不均；果实采收后，果肉稍硬，甜脆可口，经 10 ~ 15 天后熟，果肉细，柔软多汁。

库尔勒香梨

🔲 蔷薇科 Rosaceae　　🍃 梨属 *Pyrus*

　　梨树冠高大，幼树直立，呈尖塔形，大树冠呈圆锥形，主干表皮灰褐色、纵裂，枝条粗壮密集。幼叶淡红色，成叶浓绿色，长卵圆形，中大，稍纵向抱合，叶缘锯齿状，锯齿锐尖。果实倒卵圆形，平均单果重 113.5g，果实黄绿色，质脆，果肉白色，肉质细嫩，香味浓郁，栽后 4 年开花结果。开花期 4 月上中旬，果实成熟期 9 月中下旬。耐低温，耐干旱，耐盐碱，耐贮藏。

山桃

☐ 蔷薇科 Rosaceae　◯ 桃属 *Amygdalus*

又名京桃。观赏果树。落叶小乔木，生于山坡、山谷沟底或荒野疏林及灌丛内，海拔 800 ~ 3200m。树冠开展，树皮暗紫色，光滑；小枝细长，直立，幼时无毛，老时褐色，叶片卵状披针形。花期 3 ~ 4 月，花单生，先于叶开放。果期 7 ~ 8 月，果实近球形，直径 2.5 ~ 3.5cm，淡黄色，果肉薄而干，不可食。

毛桃

🔲 蔷薇科 Rosaceae　　🔘 桃属 Amygdalus

又称桃、白桃、毛果子。落叶小乔木，高 4 ~ 8m。叶卵状披针形或圆状披针形，春季开花，花单生，先叶开放，花瓣粉红色。秋初结食，果球形或卵形，径 5 ~ 7cm，表面有短毛，白绿色，熟果带粉红色，肉厚、多汁、气香，味甜或微甜酸。

大久保

🔲 蔷薇科 Rosaceae　　🔵 桃属 *Amygdalus*

　　树势中庸偏弱，树姿开张，枝条柔软易下垂，以中长果枝结果为主，坐果率高，抗旱能力强，适应性广。果实8月上旬成熟，个大，近圆形，单果重150～250g，最大500g。成熟时果皮着红色，外形美观，柔软多汁，肉质密，甜酸适口。

绿化九

🔲 蔷薇科 Rosaceae　🔵 桃属 *Amygdalus*

又名东北义园9号、艳红。树姿半开张，树势旺盛，多复花芽，花粉量多，采收期8月下旬至9月上旬。果实近圆形，稍扁，果顶平，单果重250～300g，最大单果重750g以上，底色绿白，果面红色或深红色晕，果皮厚，完熟后易剥离；果肉乳白色微有红色，近核处红色，肉质致密，味甜，有香味，黏核。

北京24号

■ 蔷薇科 Rosaceae　　● 桃属 *Amygdalus*

又名京艳。树势强健，树姿半开张，结果能力强，丰产，采收期在 8 月底到 9 月初。果实近圆形，平均单果重 285g，最大果重 650g。果皮底色黄白至绿色，全面可着红至深红色点状晕，果肉白色，近核处红色，肉质细密，味甜而有香味，可溶性固形物 12.8%，黏核。

北京14号

🌿 蔷薇科 Rosaceae　　🍑 桃属 *Amygdalus*

3月底至4月上旬叶芽萌动，5月上旬新梢开始生长。4月上中旬花芽膨大，4月中旬始花，4月中下旬盛花，4月末末花，花期10天左右。果实发育期约为115天。10月下旬至11月初落叶。年生育期约为205天。

北京26号

■ 蔷薇科 Rosaceae ○ 桃属 *Amygdalus*

　　树势健壮，枝条角度半开张，成枝力中等，对修剪不敏感。幼树成花较早，早期丰产，花芽节位低，节面短，自花结实力强。7月上中旬采收，果实中大，平均120～150g，最大300g，果实圆柱形，底部略宽，果面黄绿色，阳面有红晕，茸毛少，果肉乳白色，阳面略有红色，肉细而多汁，味甜，略带乳香，黏核。

垛子 1 号

　蔷薇科 Rosaceae　　桃属 *Amygdalus*

　　树势健壮，枝条直立，幼树生长快，枝条角度半开张，萌芽中等，成枝力强，树易郁闭，进入结果期稍晚，幼树以中长果枝结果，花芽单花芽，复花芽混生，幼树果质差，进入盛果期后，以中短果枝结果。果实 7 月上旬成熟，果实个中大，圆形，果顶平，单果重 150g，最大 400g，果面白色，半面粉红，美观，果肉白色，芳香浓郁。

春雪

□ 蔷薇科 Rosaceae　　◑ 桃属 *Amygdalus*

树势旺，树姿开张，1年生树枝黄褐色，新梢绿色，光滑，有光泽。叶片深绿色，叶片大，宽披针形，有皱褶，叶尖渐尖，叶基楔形；叶缘钝锯齿状，叶脉中密，叶腺肾形。铃形大花，粉红色，雌雄蕊等高，花粉量大，自花授粉。果实6月中旬成熟，果型圆形，果顶尖，果皮全面浓红色；果肉白色，肉质硬脆，纤维少，风味甜、香气浓，黏核。

白凤

🔲 蔷薇科 Rosaceae　　🔖 桃属 *Amygdalus*

　　树势中等，树枝较开张，发枝顺直，角度适宜，树体易管理。幼树以长中果枝为主，盛果期短果枝大量增加，以中短果枝结果为主。果实中大或较大，近圆形，底部稍大，果顶圆，中间稍凹；梗洼深而中广，缝合线浅；果面黄白色，阳面鲜红；皮较薄，易剥离；肉质乳白，近核少量红色，汁多，味甜，香味淡，黏核。

春蕾

🍎 蔷薇科 Rosaceae　　🍑 桃属 Amygdalus

　　树势强健，树枝黄褐色，新梢绿色，光滑，有光泽。叶片深绿色，叶片大，宽披针形，有皱褶，叶尖渐尖，叶基楔形；叶缘钝锯齿状，叶脉中密，叶腺肾形。铃形大花，粉红色，雌雄蕊等高，花粉量大，自花授粉。果实 6 月中旬成熟，果形圆形，大果型，果顶尖，果皮全面浓红色；果肉白色，肉质硬脆，纤维少，风味甜、香气浓，黏核。

德州白桃

🔲 蔷薇科 Rosaceae　　🔘 桃属 *Amygdalus*

树势强，树姿半开张。主干灰褐色，皮光滑。新梢绿色，阳面暗红，节间平均长 2.4cm。叶片为披针形，具锯齿圆钝，定植后 4 年开花结果，花为粉红色，幼树以长果枝结果为主，丰产。果实长圆形，果顶尖，平均单果重 134g，最大果重 200g；果皮底色白，阳面无彩色，茸毛较多；果肉白色，肉质细韧，果汁少，风味甜淡。

陆王仙

🔲 蔷薇科 Rosaceae　🔵 桃属 Amygdalus

　　中晚熟品种。生长健旺，树势健壮，枝条萌芽率高，成枝率较高，容易整形修剪，长、中、短等各类枝条易形成花芽；幼树以中、长果枝结果为主。果实 8 月下旬成熟，近圆形，果实个大，平均果重 450g 果实；端正且缝合线明显，两半部对称，果实顶平并微凹，果面度色为白色，着色后为粉红色，果肉为白色且有红线、肉质细、纤维少、多汁、味甜，有一定野生桃味道。

五月鲜

蔷薇科 Rosaceae　　桃属 *Amygdalus*

　　幼树生长健旺，枝条直立，形成花芽少且质量差，三四年后开始结果，主要以花束状果枝结果。7月上旬成熟。果实个大，一般单果重150g以上，最大300g以上，圆形、果顶有钝尖，果面黄绿色，阳面及缝合线两侧和顶部红色或带红晕，美观，果肉白色，肉质脆，完熟后，果肉松绵汁较少。

雪桃

蔷薇科 *Rosaceae*　桃属 *Amygdalus*

又名中华冬桃。果实在立冬前后（10～11 月）成熟，收获时已值下雪季节，故名雪桃。果实呈扁圆形，有短尖角，果实缝合线两侧基本对称，果形端正，果实大，最大单果重 400～500g，向阳面着有鲜艳的紫红色，背阳面为金黄色。果品质量好，水分充足，脆甜爽口。

永红 1 号

🌸 蔷薇科 Rosaceae　　🍑 桃属 *Amygdalus*

幼树树势健旺，结果后树势中庸，树姿半开张，树体紧凑。1 年生枝淡绿微红，叶芽较小，花芽中大，叶片为长椭圆披针形，复锯齿，浓绿色，花瓣圆形，粉红色，雌蕊高于雄蕊，果实近圆形，果形端正，高桩，缝合线浅而匀称，果实全面着鲜红色，底色白。果肉白色，硬溶质，离核，口感较好。7 月下旬进入成熟期，果实发育期 108 天左右。

中秋红

蔷薇科 Rosaceae 桃属 *Amygdalus*

单果重 300g，最大果重 500g，含糖量 18% ～ 22%，不裂果，不落果，果面鲜红亮丽，有光泽，极其漂亮，9 月中旬成熟，货架期 40 天，自花结实，果肉脆甜，耐贮运，南北适应，丰产性极强，是值得果农大面积推广的新型品种。

仓方早生

■ 蔷薇科 Rosaceae　　● 桃属 *Amygdalus*

　　树势强健，幼树直立，不开张，树冠半圆形。萌芽力和成枝力强。枝粗，节间较短，多复芽，花芽着生节位低。以中短果枝结果为主，中长果枝坐果率较低。无花粉，需配置授粉树，自花结实率低。结果早，果实大型，平均单果重 220g 左右；果实底色黄白色，易着色，果面全红或带玫瑰色条纹。

早凤王

■ 蔷薇科 Rosaceae　● 桃属 *Amygdalus*

幼树强健，结果后树势中庸，树姿半开张，萌芽力、成枝力中等。叶片大，花芽着生节位低，花粉多，有一定自花结实能力。坐果率较高，负载量过大，影响树体生长与成花。幼树以长中果枝结果为主，盛果期树以中短果枝结果为主。6月底至7月初果实成熟，果实近圆形稍扁，平均单果重250g；果顶平微凹，缝合线浅，果肉粉红色。

中华寿桃

蔷薇科 Rosaceae　　桃属 *Amygdalus*

　　抗寒性强，花芽冻死率低，抗旱，不耐涝，耐瘠薄。10月底11月初成熟。个头大，果实最大可达1000g以上，色泽美，成熟后的大桃颜色鲜红，格外漂亮诱人。成熟后外形美观，果肉软硬适度、汁多如蜜。食后清香爽口，风味独特。

油桃

⬛ 蔷薇科 Rosaceae ⬤ 桃属 *Amygdalus*

　　又名桃驳李。落叶小乔木，叶为窄椭圆形至披针形，长15cm，宽4cm，先端成长而细的尖端，边缘有细齿，暗绿色有光泽，叶基具有蜜腺。树皮暗灰色，随年龄增长出现裂缝。花单生，从淡至深粉红或红色，有时为白色，有短柄，直径4cm，早春开花。近球形核果，直径7.5cm，整个果面呈鲜红色，光彩夺目、光滑如油，无毛，香味浓郁，清香可口；肉质细脆，爽口异常。

油桃王

薔薇科 Rosaceae   桃属 *Amygdalus*

又名井上油王。树势健壮，树姿半开张，枝条粗壮，叶片肥大，成花较早，细树以副梢成花为主，多为花芽，进入盛果期后，各类枝条均可形成大量花芽，节位低，自花结实，坐果率高。8月上中旬成熟。果实个大，平均250g，最大700g，长卵圆形，果顶平，果面绿白色，阳面具红晕，果肉白色，肉质细嫩，味甜，略有芳香。

曙光油桃

🔲 蔷薇科 Rosaceae　　◎ 桃属 *Amygdalus*

生长中庸偏旺，树姿较开张。中果枝节间长 1.73cm。叶片黄绿色，有波纹状弯曲，长宽比 3.76∶1；叶柄平均长 0.75cm，具 2～3 个肾形蜜腺。花为蔷薇形，花瓣淡粉红色，有花粉，自花坐果率 33.3%。果实近圆形，果顶平、微凹，平均单果重 90g，最大可达 170g 以上；果面全面着鲜红色或紫红色，艳丽美观。果实发育期 65 天左右，属特早熟、黄肉、甜油桃。

早露蟠桃

蔷薇科 Rosaceae　桃属 *Amygdalus*

　　树势健壮，树姿开张，枝条萌芽力强。幼树成花早，长中短枝均可形成较好花芽，坐果率高，丰产性能稳定，适应能力强，抗寒和晚霜能力强。6月底成熟，果实中小，单果重50g，最大100g，果面白色，具粉红色晕，果肉白色，肉质细，充分成熟后，柔软多汁，硬溶质，味甘甜，有香气，黏核。

蟠桃

🔲 蔷薇科 Rosaceae　🔵 桃属 *Amygdalus*

　　叶为窄椭圆形至披针形，长 15cm，宽 4cm，先端成长而细的尖端，边缘有细齿，暗绿色有光泽，叶基具有蜜腺。树皮暗灰色，随年龄增长出现裂缝。花单生，从淡至深粉红或红色，有时为白色，有短柄，直径 4cm，早春开花。近球形核果，表面有毛茸，肉质可食，为橙黄色泛红色，直径 7.5cm，有带深麻点和沟纹的核，内含白色种子。

野山楂

■ 蔷薇科 Rosaceae　　◯ 山楂属 *Crataegus*

又名野红果。落叶乔木，树皮粗糙，暗灰色或灰褐色。枝密生，有细刺，刺长 1～2cm，有时无刺；小枝圆柱形，当年生枝紫褐色，无毛或近于无毛，疏生皮孔，老枝灰褐色。冬芽三角卵形，先端圆钝，无毛，紫色。叶片宽卵形或三角状卵形。成熟期 9～10 月，单果重 6～8g；果实较小，近球形，质硬，果肉薄，味微酸涩。

金星

■ 蔷薇科 Rosaceae　　◯ 山楂属 *Crataegus*

　　又名小金星。树势中庸，枝密生，幼枝有柔毛。花期 5 ~ 6 月，10 月下旬成熟。果实较小，近圆形，直径 0.8 ~ 1.4cm，平均单果重 9.8g；果皮鲜红色，果点小，鲜黄色，果肉粉白至粉红色，质硬，果肉薄，甜酸适品，稍有果香，肉质致密，较耐贮藏。

大棉球

薔薇科 Rosaceae　　山楂属 *Crataegus*

又名大红果。果型较大，平均单果重 18.3g，最大果 22.6g，果皮面鲜红，有光泽，果点小而稀，果肉黄白色，肉质细嫩，味甜微酸，鲜美可口，可鲜食采摘。

铁楂

蔷薇科 Rosaceae　　山楂属 *Crataegus*

又名山里红。果实较小，单果重 12 ~ 15g，类球形，直径 0.8 ~ 1.4cm；果表面棕色至棕红色，质硬，果肉薄，味微酸涩。花期 5 ~ 6 月，果期 9 ~ 10 月。

歪把红

薔薇科 Rosaceae　　山楂属 Crataegus

　　又称歪把红子，因果梗部歪斜呈肉瘤状而得名。果大，着色艳丽，耐贮，品质优良；果实倒卵形，单果重 15g 左右，肩部较瘦，顶端较肥大，果梗基部一侧着生较肥大的红色肉瘤是其典型特征，果皮鲜红色，果肉乳白色，果实 10 月上中旬成熟。树冠紧凑，萌芽率和成枝力均极强，花序平均坐果率 8.9 个，适应性强，是加工兼鲜食的优良品种。

山杏

🔲 蔷薇科 Rosaceae　🔘 杏属 *Armeniaca*

　　落叶小乔木，高可达 8m。枝条灰褐色或红褐色，无毛。单叶互生，卵圆形，边缘具细锯齿，前端渐尖；基部楔形，长 4 ~ 5cm。花多两朵生于一芽，花芽为纯长芽，单生，先叶开放，色稍带粉色，花径 3cm。核果，两侧多少扁平，成熟时为黄色或橙黄色；果肉较薄，味酸涩，种仁味苦。花期 3 ~ 4 月，果期 6 ~ 7 月。

金太阳

▣ 蔷薇科 Rosaceae　　◯ 杏属 *Armeniaca*

幼树生长健壮，枝条角度自然开张，成花能力强，白花结实，坐果率高。果实 5 月底成熟采收，单果重 66.9g，果面光洁，底色金黄色，阳面着红晕；果肉黄色，肉质硬，自然成熟后甜味，耐贮运，是加工主要品种之一，也是设施栽培主要品种之一。

新世纪

☐ 蔷薇科 Rosaceae　　◎ 杏属 *Armeniaca*

　　幼树生长健旺，幼树嫁接后，当年即可成花芽，多为复花芽。果实 6 月初成熟，单果重 73g，最大 125g，果面光滑、着鲜红色，果肉黄色，果实具浓香味。

银白杏

🔷 蔷薇科 Rosaceae　🔷 杏属 *Armeniaca*

　　果实 6 月中旬成熟，圆形，缝合线显著，果顶平有凹，平均单果重 59.1～71.8g，最大果重 80g；果皮底色浅黄白，蜡质中等，茸毛中多，厚度中等，较脆，难剥离；果肉黄白色，近核部位肉色白，汁中等，肉质细，纤维较少，味酸甜，有香味；离核，核扁圆，甜仁，果实成熟后甘甜且有香气。

龙王帽

蔷薇科 Rosaceae 杏属 Armeniaca

又名北山大扁。树势直立、健旺，萌芽力强，成枝力弱，短枝结果，适应性强、丰产。果实 7 月初采收，果个中小，果肉薄，可食用，但品质差，果核大，果仁特大，是仁用杏中品质最好，果仁最大的一种，味香甜，价值高。

串枝红

🟦 蔷薇科 Rosaceae　🟢 杏属 *Armeniaca*

　　一串一串的，名为"串枝红"。单果重 40 ~ 50g，果实阳面红色底色黄绿，有艳丽的红晕，格外美观，离核，一掰两瓣，果肉与杏核不粘连，极易分离。耐贮运，内在品质好，酸甜适口，风味优美。

骆驼黄

蔷薇科 Rosaceae　　杏属 Armeniaca

　　树冠自然圆头形，树姿半开张。主干粗糙，纵裂，灰褐色。多年生枝灰褐色，1年生枝斜生、粗壮、红褐色、有光泽；枝条直立，密度中等；皮孔小、少、凸，圆形。叶片椭圆形，先端渐急尖，叶缘锯齿圆钝，叶面平展，色绿、有光泽。花5瓣，白色。果实6月中旬成熟，圆形，果实缝合线显著、中深，两侧片肉对称，果顶平，微凹；果肉橙黄色，肉质较细软，汁多味甜酸。

凯特杏

蔷薇科 Rosaceae　　**杏属** *Armeniaca*

　　早熟，耐瘠薄，耐低温，抗盐碱，适应性强；2年结果，3～4年生进入盛果期。6月初成熟，果个特大，近圆形，缝合线浅，果顶较平圆，平均单果重106g，最大果重183g；果皮橙黄色，阳面有红晕，味酸甜爽口，口感醇正，芳香味浓，离核。

匈牙利35号

🔲 蔷薇科 Rosaceae ◐ 杏属 *Armeniaca*

初花期 4 月 8 日，盛花期 4 月 10 日左右，落花期 4 月 13 日左右，花期 6 ～ 7 天，落叶期 11 月下旬。果实成熟期 6 月下旬，果形为卵圆形，平均果重 56.1g；果正面非对称，果沟微凹，果梗洼深度为 0.41，果尖端圆形，表面光滑，果皮底色黄、表色为橙红，果肉柔软细腻；果核对果肉的黏附性弱，果仁苦味很弱。

匈牙利36号

蔷薇科 Rosaceae　　杏属 *Armeniaca*

果实成熟期6月下旬至7月初，平均果重45.3g，果皮底色黄绿、表色为橙红，果正面非对称，果沟微凹，果尖端圆，无突起。表面光滑，果肉柔软细腻，可溶性固性物含量14.9%。果核对果肉的黏附性弱，果核侧面观为卵圆形，果仁苦味很弱。

井上李

薔薇科 Rosaceae　　李属 *Prunus*

树势强，果实发育期 65 ~ 70 天，8 月上中旬成熟。果实卵圆形，平均单果重 50g，最大单果重 120g。果皮底色黄绿，着鲜红色；果肉橘黄色，肉质细，松软多汁，味酸甜，香气浓郁，黏核，核较小。

大石早生

■ 蔷薇科 Rosaceae ◎ 李属 *Prunus*

果实发育期 65 天左右，6 月中下旬成熟。果面鲜红色，有光泽，艳丽美观，果个中等，单果重 50～80g，最大果重 100g，果顶尖圆，缝合线较深，较对称。底色黄绿，100% 着深红色；果粉多，果点稀。果肉淡黄色，质细、柔软多汁、纤维多、味甜，有浓香，黏核。

盖李

🔲 蔷薇科 Rosaceae 　🍀 李属 *Prunus*

　　树势中庸，果实发育期 85 天左右，8 月上中旬成熟。果实呈实心形或近圆形，底色黄绿，果皮鲜红或紫红色。果实大型，平均单果重 120g，最大 200g。顶部稍尖或平，果梗短，梗洼深，缝合线浅，近梗洼处较深。果皮薄，果粉厚，灰白色。

玫瑰皇后

薔薇科 Rosaceae　　李属 *Prunus*

　　果实 8 月初成熟。果实扁圆形，缝合线不明显，两半部对称，果顶圆平。果实大型，平均单果重 86.3g，最大 151.3g。果面紫红色，果点大而稀，果皮薄，有果粉。果肉琥珀色，肉质细嫩，汁液丰富，味甜可口，核小，离核，耐贮运。

黑宝石

蔷薇科 Rosaceae　　李属 Prunus

　　果实 8 月中下旬至 9 月上旬成熟。平均单果重 150g，最大 200g。外表紫色油亮，色泽诱人。果肉黄色，脆而细嫩，汁液较多味甜爽口，耐贮存，在 -5℃条件可贮藏 3 个月以上。

黑布林

薔薇科 Rosaceae　　李属 *Prunus*

又名黑李子、黑布朗、黑玫瑰李、黑琥珀李、黑奈李。树冠广圆形，树皮灰褐色，起伏不平；老枝紫褐色或红褐色，无毛；小枝黄红色，无毛。叶片长圆倒卵形、长椭圆形，稀长圆卵形，基部楔形，边缘有圆钝重锯齿，托叶膜质，线形。花期4月，花通常3朵并生，花梗1～2cm。果期7～8月，核卵圆形或长圆形，有皱纹。

红宝石李

🔲 蔷薇科 Rosaceae 　　🍃 李属 *Prunus*

　　树势旺，易分枝，树冠中等，枝条粗壮直立，有腋花芽结果习性。栽后二三年结果，丰产，稳产。7月初成熟，中早熟，果型大、美、色艳，果实心脏形，果皮鲜红色，底色黄，平均单果重105g，最大250g左右。果肉淡黄白色，细腻多汁，味甜有香气，黏核。

牛心李

■ 蔷薇科 Rosaceae　　● 李属 *Prunus*

　　果实大型，平均单果重 80g，最大果重 120g 以上。果实心脏形，顶部狭圆；缝合线浅，不明显，两侧对称；梗洼圆形，中深、广；果面底色绿黄，彩色全面紫红色。果肉橙黄色，肉质细而脆，汁多，味甜，香气浓，可食率 97％，可溶性固形物含量 15％左右，总糖 11.3％，品质上等，采收后贮存 10 天风味更佳。离核，核小，耐贮运。

香蕉李

🔲 蔷薇科 Rosaceae 🍃 李属 *Prunus*

树势较直立。8 月中旬成熟，果形扁圆，单果重 50g 左右，最大的可达 74g。果皮底色黄绿，色彩红，美观艳丽，贮藏后变紫红。果顶平，缝合线浅，梗洼中宽较深。果肉黄色，不溶质果肉脆而多汁，甜酸适口，香味浓。核小，离核。

幸运李

■蔷薇科 Rosaceae　　李属 Prunus

树冠纺锤形，树姿直立，6 年生树高 3.1m，冠径 2.4m×2.8m，干周 23cm。1 年生枝长 82cm，粗 0.6cm，萌芽率 81.8%，树体营养生长期约 180 天。幼树中、短果枝均可结果，果实发育期约 125 天，果实椭圆形，果顶尖，梗洼中深，缝合线浅，平均单果重 100～120g。

风味玫瑰

▢蔷薇科 Rosaceae ▢李属 *Prunus*

李基因占 75%，果实扁圆形，带玫瑰香，平均单果重 85g，最大单果重 128g 以上。成熟期 6 月上旬，成熟后果皮紫黑色，果肉鲜红色，质地细，粗纤维少，果汁多，风味甜，香气浓，品质极佳。含糖量 17.2% ~ 18.5%，耐贮运，常温下可贮藏 15 ~ 20 天。抗性强，病虫害少。

杏李

■ 蔷薇科 Rosaceae　● 李属 *Prunus*

又名红李、秋根李、鸡血李、李子。乔木，树冠金字塔形，直立。老枝紫红色，小枝浅红色，粗壮。冬芽卵圆形，紫红色。叶片长圆倒卵形或长圆披针形、稀长椭圆形。花2～3朵，簇生，花梗长2～5mm，无毛。果期6～9月，果实艳丽，风味独特，果大，一般平均单果重50～80g，核果顶端扁球形，红色，果肉淡黄色，黏核，微涩。

味厚

🔲 蔷薇科 Rosaceae　　◐ 李属 Prunus

晚熟品种，李基因占 75%。树势强旺，干性较弱，枝条角度自然开张，年生长量大，新梢长度最长达 2.5m，单轴生长，副梢少且短或呈叶丛状，萌芽力强，成枝力弱，冠幅发育快，适应性强，具有抗旱耐瘠薄的特点，对自然条件要求低，成花较快，两年生枝叶丛枝均可形成花芽。

女神

蔷薇科 Rosaceae　　李属 Prunus

　　成熟期 8 月初，果实近圆形，表皮紫红，色泽艳丽，芬芳馥郁。果肉黄色，肉质细嫩，纤维少且果核小，可食率高达 98% 以上。单果平均重 126g，最大果重 145g。成熟后果皮黄红伴有斑点，果肉颜色粉红，肉质脆、黏核、核极小。粗纤维少，汁液多，风味香甜。

恐龙蛋

薔薇科 Rosaceae　　李属 *Prunus*

是美国育种专家通过优质杏、李多次种间杂交培育出的珍稀高档精品水果，兼具了杏的香味与李子的甜味，被国际公认为21世纪的水果骄子。其果色泽艳丽，芬芳馥郁，风味独特，营养丰富，具有一定抗癌和增强肌体活力、延缓衰老的作用。吃起来有桃子的口感，味道微酸带甜。

欧李

■ 蔷薇科 Rosaceae　　◎ 李属 *Prunus*

又称钙果樱李、酸丁、山梅子、小李仁。因果实含钙高又称高钙果。灌木，高 0.4 ~ 1.5m。小枝灰褐色或棕褐色，被短柔毛。冬芽卵形，叶片倒卵状长椭圆形，或倒卵，侧脉 6 ~ 8 对。花单生或 2 ~ 3 花簇生，花叶同开，花瓣白色或粉红色，长圆形或倒卵形。核果成熟后近球形，红色或紫红色，直径 1.5 ~ 1.8cm，花期 4 ~ 5 月，果期 6 ~ 10 月。

毛叶欧李

蔷薇科 Rosaceae　　李属 *Prunus*

又名脉欧李、牛李、网脉欧李、显脉欧李、欧李子。灌木，小枝灰褐色，嫩枝密被短柔毛。冬芽卵形，密被短茸毛。叶片倒卵状椭圆形，边有单锯齿或重锯齿。花单生或 2 ～ 3 朵簇生，先叶开放，花瓣粉红色或白色，倒卵形。核果球形，红色。核果球形，红色，直径 1 ～ 1.5cm。花期 4 ～ 5 月，果期 7 ～ 9 月。

山楂叶悬钩子

蔷薇科 Rosaceae　悬钩子属 *Rubus*

又名牛迭肚、蓬莱悬钩。野生果树，直立灌木。枝具沟棱，单叶，卵形至长卵形，开花枝上的叶稍小，顶端渐尖。花期5～6月，花数朵簇生或成短总状花序，有柔毛，苞片与托叶相似，花萼外面有柔毛，花瓣椭圆形或长圆形，白色；雄蕊直立，花丝宽扁；雌蕊多数，子房无毛。果实近球形，浆果，暗红色，有光泽，果期7～9月。

毛樱桃

蔷薇科 Rosaceae　　櫻属 *Cerasus*

又称山豆子。树高 2 ～ 3m，幼枝密生绒毛。叶倒卵形到椭圆形，长 5 ～ 7cm，先端尖，表面皱，有柔毛，背面密生绒毛。花期 4 月，稍先叶开放，白色或略带粉色，径 1.5 ～ 2cm，无梗或近无梗，萼红色。果 6 月成熟，核果近球形，径约 1cm，红色，稍有毛。

红灯

🍃 蔷薇科 Rosaceae　　🍒 樱属 *Cerasus*

　　萌芽率高，成枝力强，枝条粗壮。叶片厚且大，椭圆形，复锯齿，深绿色，有光泽。3 年结果,5 年进入盛果初期，果梗短粗，长约 2.5cm，果实大，平均单果重 9.6g，最大果达 13.0g；果皮深红色，充分成熟后为紫红色，有鲜艳光泽；果实呈肾形，肉质较软，肥厚多汁，风味酸甜适口。

雷尼

蔷薇科 Rosaceae　　樱属 *Cerasus*

　　果实 6 月中旬成熟，果个大，平均单果重 8 ～ 9g，最大果重 12g。果实心脏形，果皮黄色，有鲜红色晕。果肉无色，质硬，可溶性固形物含量为 15%～ 17%，品质佳。耐贮运，较抗裂果。

布鲁克斯樱桃

🌿 蔷薇科 Rosaceae　🍒 樱属 Cerasus

树姿开张，新梢黄红色，枝条粗壮，1 年生枝黄灰色，多年生枝黄褐色。叶片呈披针形，叶片大而厚，叶柄绿红色。花纯白色，花冠为蔷薇形。果实扁圆形，大型果，平均单果重 9.4g，果皮浓红，底色淡黄，油亮光泽，果顶平，稍凹陷，果肉紫红，肉厚核小。

黑珍珠

蔷薇科 Rosaceae　　樱属 *Cerasus*

树冠开张，树势中庸。长枝只在中上部形成花芽结果，幼树中长果枝结果较多。萌芽力强，成枝力中等，潜伏芽寿命长，利于更新。成花易，花量大，自花结实率 64.7%。果实大，平均果重 4.5g；果形近圆形，果顶乳头状；皮中厚，蜡质层中厚，底色红，果面紫红色，充分成熟时呈紫黑色，外表光亮似珍珠；果肉橙黄色，质地松软，汁液中多，风味浓甜，香味中等。

拉宾斯

🔲 蔷薇科 Rosaceae　　⭕ 樱属 Cerasus

　　树势健壮、开张，生长较为平缓。成花早，栽后3年可见花，花粉量大，自花结实。果实生育50天，果实个大，近圆形或卵圆形，平均单果重8g，最大果重11g，果面紫红色，果肉红色，味道甜美适口，抗裂果性能强。

美早

■ 蔷薇科 Rosaceae　　◎ 樱属 *Cerasus*

树势强健，树姿半开张。幼树萌芽力、成枝力均强。以中短果枝和花束状果枝结果为主，自花结实率低，需配置授粉树。果实大，平均单果重 9g 左右。果宽心形，大小整齐，顶端稍平。果柄短粗，果皮全紫红色，有光泽，鲜艳美观，充分成熟时为紫色。肉质脆而不软，肥厚多汁，风味酸甜可口，核圆形，耐贮运。

草莓

🔲 蔷薇科 Rosaceae　　🍂 草莓属 *Fragaria*

又名洋莓、地莓、地果、红莓、士多啤梨。多年生草本，高 10～40cm。茎低于叶或近相等。叶三出，小叶具短柄，质地较厚，倒卵形或菱形，稀见圆形，顶端圆钝，基部阔楔形，侧生小叶基部偏斜，边缘具缺刻状锯齿，锯齿急尖，叶柄长 2～10cm，密被开展黄色柔毛。花期 4～5 月，花呈聚伞花序，有花 5～15 朵，花序下面具一短柄的小叶；花两性，直径 1.5～2cm，萼片卵形，比副萼片稍长，副萼片椭圆披针形；花瓣白色，近圆形或倒卵椭圆形，雄蕊 20 枚，不等长；雌蕊极多。果实呈聚合果，直径达 3cm，鲜红色，宿存萼片直立，紧贴于果实；瘦果尖卵形，光滑。果期 6～7 月。

草莓栽培的品种很多，天津山区大面积栽培的优良品种有白雪公主草莓、粉红草莓、红颜草莓、克藏像草莓、京帅草莓、章姬草莓等。

白雪公主草莓

粉红草莓

红颜草莓

京藏香草莓

京帅草莓

章姬草莓

葡萄科

Vitaceae

红地球

🌿 葡萄科 Vitaceae　　🍇 葡萄属 Vitis

又名红提、美国红提。树势强壮，6月上旬开花，9月底至10月初果实成熟。果穗大，平均穗重800g，最大穗重可达2500g。果粒平均粒重12～14g，最大可达23g。果粒着生松紧适度，整齐均匀，果皮中厚，暗紫红色，果肉硬脆，能削成薄片，味甜可口。果刷粗而长，着生极牢固，不脱粒，耐贮藏运输。

巨峰

🔷 葡萄科 Vitaceae　　🔶 葡萄属 *Vitis*

8 月下旬成熟，果穗圆锥形，平均穗重 400 ~ 600g，平均果粒重 12g 左右，最大可达 20g，果皮厚，果粒深紫到黑色，有果粉，果肉较软，味甜、多汁，有草莓香味。皮、肉和种子易分离，含糖量 16%，适应性强，抗病、抗寒性能好，喜肥水。

玫瑰香

🟥 葡萄科 Vitaceae　　🟢 葡萄属 *Vitis*

又名麝香葡萄。8月下旬至9月上旬成熟，中晚熟品种。果穗中等大，圆锥形。最大穗重 1000g 左右，平均穗重 350 ~ 403g。果粒着生疏松至中等紧密。果粒椭圆形或卵圆形，中等大，平均粒重 4 ~ 5g，最大粒重 6.2g。果皮中等厚，紫红色或黑紫色，果肉较软，多汁，有浓郁的玫瑰香味，可溶性固形物含量 15% ~ 20%。肉质坚实易运输，易贮藏，搬运时不易落珠。

龙眼

🍇 葡萄科 Vitaceae　　🔄 葡萄属 Vitis

　　树势强旺，10 月上旬成熟。果穗大，平均重 500 ~ 800g，最大的可达 3kg。果粒较大，平均重 7 ~ 8g，粒圆色紫，果皮中等厚，果粉厚，果肉多汁，透明，味甜酸。汁多，含糖量 15% ~ 18%，含可溶性固形物 15.5% ~ 19%，含酸量 0.9% 左右，出汁率 72%。

巨玫瑰

🏵 葡萄科 Vitaceae   🌀 葡萄属 Vitis

　　树势强，结果早，栽后 2 年株产达 4 ~ 5kg,3 年进入丰产期。果穗圆锥形，外形美观，果粒整齐，呈鸡心形，果皮紫红色，果实比较松软，皮肉容易分离，少核，有独特的玫瑰花香味，果实脆甜，具有浓郁的玫瑰香味，俗称香葡萄。耐高温多湿，耐贮藏，耐运输。

早玫瑰

葡萄科 Vitaceae　**葡萄属** Vitis

欧亚种，由玫瑰香与莎巴珍珠杂交育成。树势生长中庸偏弱，枝条节间短，副梢萌发力强，结果枝占芽眼总量的43.4%，副梢结实力强，产量中等。果穗中大，平均重290g，最大穗重365g，圆锥形，果粒着生紧密、整齐。果粒中大，平均重3～4g，短圆锥形，红紫色，果皮薄，肉质软，有浓郁的玫瑰香味。可溶性固形物含量15%，品质上等。露地果实7月中下旬成熟。

黑提

🍇 葡萄科 Vitaceae　　🍇 葡萄属 Vitis

　　欧亚种。嫩梢绿色，有稀疏绒毛，1年生枝浅黄褐色。幼叶黄绿色，背面有稀疏绒毛。成熟叶正背两面均光滑无绒毛，叶缘锯齿状。两性花。果穗长圆锥形，平均纵径28cm，横径16cm，平均穗重500～700g，平均粒重8～10g。皮厚肉脆，果皮蓝黑色，光亮如漆，味酸甜，可溶性固形物含量17%以上。果柄不易脱落，耐储运。

京亚

🍇 葡萄科 Vitaceae　　🍇 葡萄属 *Vitis*

植株生长势较强，结果枝占芽眼总数的 55.2%。叶片中等大，较厚，向上卷，心脏形，叶背密被灰白色绒毛，叶缘锯齿三角形，大小相间，叶柄洼呈尖底拱形。花两性。8 月上旬果实成熟，果穗圆锥形或圆柱形，平均穗重 400g，果粒着生紧密，果粒椭圆形，平均粒重 10.8g，果皮紫黑色或蓝黑色，果粉厚，肉质较软，汁多，味酸甜。

无核白鸡心

🔲 葡萄科 Vitaceae　　🔘 葡萄属 *Vitis*

　　早熟无核品种。树势中等偏旺，枝条粗壮，结果枝率74.4%。嫩梢绿色，粗壮，节间较长。幼叶微红，有稀疏茸毛；成叶大，心脏形，5裂，裂刻极深，上裂刻呈封闭状，叶片正反面均无茸毛，叶缘锯齿大而锐；叶柄洼开张呈拱状。果穗圆锥形，穗重400~600g，果粒鸡心形，果皮黄绿色，皮薄果肉厚而硬脆，韧性好，浓甜。

弗雷无核葡萄

葡萄科 Vitaceae **葡萄属** Vitis

又名火焰无核葡萄，欧亚种。果实鲜红，圆形，果穗较大，长圆锥形；粒匀，色艳，品质好，果穗中等大小，有副穗，圆锥形，穗重 350～550g，果粒近圆形。鲜红色，整齐度好，果肉较硬，果皮中厚，不易与果肉分离，风味甜，可溶性固形物 20% 以上，露地 8 月上旬成熟。

红无籽露

🔴 葡萄科 Vitaceae　　🔵 葡萄属 Vitis

又名无核白、小蜜蜂。营养价值很高，含糖量高达 25% 以上，含有机酸 0.5% ~ 1.5%，蛋白质 0.1% ~ 0.9%，钾、磷、钙、铁等矿物质含量共为 3% ~ 5%，还含有多种维生素。葡萄含钾量也相当丰富。新鲜葡萄晶莹剔透，翠绿媚人，质美味佳，可鲜食，晒成葡萄干，也可榨汁、酿酒，是水果中的佳品。每年的七八月上市。

 美人指

🍇 葡萄科 Vitaceae   🍇 葡萄属 *Vitis*

3年生成树，叶片5裂，上裂深下裂浅，中等大小，成叶叶背面有茸毛，较粗糙。萌芽率90%，自然坐果能力强，枝枝有果，皆为双穗。果形美，粒子细长，果顶极尖，红的晶莹剔透，穗穗挂在枝上，就像满园的艺术珍品。肉质硬酥脆，清香爽口、风味极佳。

夏黑

葡萄科 Vitaceae　　葡萄属 Vitis

又名夏黑无核黑葡萄。植株生长势强旺，嫩梢黄绿色，有少量绒毛。幼叶浅绿色，叶片上表面有光泽，叶背密被丝状绒毛；成龄叶片特大，近圆形，叶片中间稍凹，边缘凸起。两性花，每个结果枝平均着生 1.5 个花序。果穗圆锥形或有歧肩，果穗大，果粒着生紧密；果粒近圆形，果皮紫黑色，果肉硬脆，无核，品质优良。

户太八号

葡萄科 Vitaceae　　葡萄属 Vitis

　　嫩梢绿色，梢尖半开张微带紫红色。幼叶浅绿色，叶缘带紫红色，成年叶片近圆形，深绿色，上表面有网状皱褶，主脉绿色；叶柄洼宽广拱形，冬芽大，短卵圆形、红色。枝条表面光滑，红褐色，节间中等长。两性花。成熟期在 7 月上中旬，果穗圆锥形，果粒着生较紧密，紫黑色或紫红色，酸甜可口，果粉厚，果皮中厚。

金手指

葡萄科 Vitaceae　　**葡萄属** Vitis

　　根系发达，生长势中庸偏旺，新梢较直立，绿黄色。幼叶浅红色，绒毛密；成叶大而厚，近圆形；叶柄洼宽拱形，紫红色。成熟冬芽中等大。7月下旬成熟，果穗巨大，长圆锥形，着粒松紧适度，果粒长椭圆形至长形，略弯曲，呈菱角状，黄白色，平均粒重 7.5g；果肉硬，可切片，耐贮运，含糖量 20% ~ 22%，甘甜爽口，有浓郁的冰糖味和牛奶味。

摩尔多瓦

🌿 葡萄科 Vitaceae   🍇 葡萄属 Vitis

嫩梢绿色至黄绿色，稍有暗红色纵条纹，茸毛较密。幼叶绿色，叶缘有暗红晕，叶面和叶背均具密绒毛；成龄叶绿色，近圆形，中大，叶缘上卷，叶缘锯齿大，较锐；叶柄紫红色，平均长9～10cm。冬芽饱满而大，有紫红晕斑。二倍体，两性花。8月下旬果实成熟，果穗圆锥形，中等大，果粒着生中等紧密，果粒大，短椭圆形。

山葡萄

🌿 葡萄科 Vitaceae　　🍇 葡萄属 *Vitis*

又名野葡萄。生于山野，木质落叶藤本，藤可长达 15m 以上，树皮暗褐色或红褐色，藤匍匐或援于其他树木上，卷须顶端与叶对生。单叶互生，叶片掌状分裂，具叶柄，深绿色、宽卵形，秋季叶常变红。圆锥花序与对生，花小而多、黄绿色。雌雄异株。果为圆球形浆果，直径 1 ~ 1.5cm；黑紫色带蓝白色果霜。花期 5 ~ 6 月，果期 8 ~ 9 月。

毛葡萄

🌿葡萄科 Vitaceae　　🌸葡萄属 *Vitis*

又名橡根藤、五角叶葡萄、飞天白鹤、茅婆驳骨、止血藤、蝴蟆艾、野葡萄。木质藤本。小枝圆柱形，有纵棱纹，叶卵圆形、长卵椭圆形或卵状五角形，叶柄长 2.5 ~ 6cm，密被蛛丝状绒毛。花杂性异株，圆锥花序疏散。果实圆球形，成熟时紫黑色，直径 1 ~ 1.3cm。种子倒卵形，顶端圆形。花期 4 ~ 6 月，果期 6 ~ 10 月。

鼠李科

Rhamnaceae

酸枣

🅛 鼠李科 Rhamnaceae　ⓒ 枣属 *Ziziphus*

又名棘、野枣、山枣。为灌木、小乔木或大乔木。树高 2 ~ 3m，高者达 20m 以上。果小，有圆形、长圆形、扁圆形、卵形、倒卵形等；果皮厚，成熟时为紫红色，果肉薄，核大，味酸或甜酸；核多为圆形，具 1 粒或 2 粒种子，种仁饱满，萌芽率高。抗逆性很强，耐旱、耐涝、耐盐碱、耐瘠薄，常用作枣的砧木。

蓟州脆枣

鼠李科 Rhamnaceae 　　枣属 *Ziziphus*

　　树势强壮，干性强，20 年生树高 5.8m，干高 1 ~ 2m，干周 50cm，主干灰褐色，枣股长圆黑色，每股产生枣吊 3 ~ 5 个，平均长 18cm，平均枣吊坐果率 0.8 个。叶卵圆形深绿色，叶面光滑，有光泽。果实纺锤形，成熟后果皮深红色。

冬枣

鼠李科 Rhamnaceae　　枣属 *Ziziphus*

10 月初开始着色，10 月中旬完全成熟，果实近圆形，平整光洁，平均单重 9 ～ 12g，大小较整齐。果肉绿白色，细嫩多汁，甜味浓，略酸，成熟前含糖量 40% ～ 42%。每 100g 鲜枣含维生素 C 352mg，可食率 97.1%。

龙爪枣

鼠李科 Rhamnaceae　　枣属 *Ziziphus*

又名龙枣、龙爪枣树。树姿开张，枝条较密，树体小，生长缓慢。水平骨干根强大，具有繁殖新植株的能力，每一单位根都能产生新植株。单位根的延伸力弱，但分枝次数特别高，可分生大量的细根。发育枝、结果基枝及脱落性果枝均弯曲扭转生长，蜿蜒前伸，枝形奇特，如龙爪状。果面常高低不平呈扭曲状，观赏效果较好。

梨枣

鼠李科 Rhamnaceae　　枣属 *Ziziphus*

又名大铃枣、脆枣。枣树中稀有的名贵鲜食品种，以早实、丰产、果实特大、皮薄肉厚、清香甜脆、风味独特，受到人们的重视和消费者的欢迎。果实特大，近圆形，纵径 4.1 ～ 4.9cm，横径 3.5 ～ 4.6cm，单果平均重 31.6g，最大单果重 80g，果面不平，皮薄，淡红色，肉厚，绿白色，质地松脆，汁液中多，味甜。

马奶枣

鼠李科 Rhamnaceae　　枣属 *Ziziphus*

　　果中大偏小，卵圆形，纵径3.6cm，横径2.1 cm，侧径2.0cm。平均果重7.89g，最大果重9.39g，大小较整齐。果成圆柱形，奶头状，鲜红亮丽，形色俱美。果肩窄圆，梗洼浅平，环洼大而深，果顶平圆，顶点平或微凹陷。果面平整，果皮中厚，鲜红色有光泽。果点大，椭圆形，明显。果肉白绿色，质地致密细脆，汁液中多，味甜。

猕猴桃科

Actinidiaceae

软枣猕猴桃

🌿猕猴桃科 Actinidiaceae　　🌿猕猴桃属 *Actinidia*

多年生枝光滑无毛，浅灰褐色或深褐色，髓为片状褐色、浅灰色或红褐色，无毛。皮孔长棱形，密而小，色浅。叶片椭圆形、长卵形、倒卵形，基部近圆形，叶缘锯齿密，叶面深绿色，有光泽，无毛。果实扁圆形、近圆形，单果重 4～9g，最大单果重 27g，果顶圆、具喙；果肉绿色，液汁多，味甜略酸。

葛枣猕猴桃

猕猴桃科 Actinidiaceae　　　**猕猴桃属** *Actinidia*

又名葛枣子、木天蓼。大型落叶藤本，幼枝顶部略被微柔毛，髓白色，实心。叶卵形或椭圆卵形，顶端急渐尖至渐尖，基部圆形或阔楔形，边缘有细锯齿，腹面绿色，有时前端部变为白色或淡黄色。花期6月中旬至7月上旬，花序1~3花，花药黄色，卵形箭头状，果成熟时淡橘色，卵珠形或柱状卵珠形，无毛，无斑点，顶端有喙。果熟期9~10月。

翠香猕猴桃

🔹猕猴桃科 Actinidiaceae　　🔹猕猴桃属 *Actinidia*

又名西猕9号。果实卵形，果喙端较尖，果实美观端正、整齐、椭圆形。最大单果重130g，平均单果重82g，果肉深绿色，味香甜，芳香味极浓，品质佳，适口性好，质地细而果汁多。最大特点是维生素C含量高，营养丰富，果皮绿褐色，果皮薄，易剥离，食用方便。4月上旬开花结果，8月底成熟。

华优猕猴桃

🔵 猕猴桃科 Actinidiaceae ⊙ 猕猴桃属 Actinidia

10月初成熟,果实椭圆形,较整齐,最大单果重150g,果面棕褐色或绿褐色,绒毛稀少,细小易脱落,果皮厚难剥离。果肉呈黄色、淡黄色、缘黄色,果面、果枝光滑,无毛,果味甜香,香气浓郁,口感浓甜,极为适口。

黄金果猕猴桃

猕猴桃科 Actinidiaceae　　猕猴桃属 *Actinidia*

　　树势旺，初生枝和次生枝都很旺盛，萌芽率高达91.6%，极易形成花芽，结果母蔓上自基部第2～22节均能形成结果枝。花单生，具较强的连续结果能力，坐果率达90%以上，果实生产率高。成熟时间10月中旬，果实为长卵圆形，果喙端尖、具喙，果实中等大小，单果重80～140g。软熟果肉黄色至金黄色，味甜具芳香，肉质细嫩，风味浓郁。

秦美猕猴桃

■猕猴桃科 Actinidiaceae　　○猕猴桃属 Actinidia

　　以中、长果枝结果为主，花期5月中下旬，花集中着生在果枝2～7节叶腋间。10月上中旬成熟，果实椭圆形，纵径约7.2cm，横径约6.0cm。果皮褐色，密被黄褐色硬毛，其毛易脱落。平均单果重102.5g，最大单果重204g。果肉绿色，肉质细嫩多汁，酸甜适口，有香味。

红阳猕猴桃

猕猴桃科 Actinidiaceae ⊙ **猕猴桃属** *Actinidia*

又名红心奇异果、红心猕猴桃。果实中大、整齐；果实为短圆柱形，果皮呈绿褐色，无毛。含糖分高，富含钙、铁、钾等多种矿物质及 17 种氨基酸，维生素 C 高达 135mg/100g。果肉翠绿色，果汁甜酸适中，清香爽口，品质极优。可直接食用，也可适合制作工艺菜肴。

西选二号猕猴桃

🔲 猕猴桃科 Actinidiaceae ⊙ 猕猴桃属 *Actinidia*

　　嫁接成活率高，接口愈合紧密，一般嫁接后翌年均可挂果。嫁接坐果能力强，结果母树从第一个芽萌发结果枝，可连续抽生16个以上的结果枝，每个结果枝可挂果 3 ~ 5 个，单株产量高。果实椭圆形，果皮淡褐色，果面光滑，果个整齐美观，果肉淡黄色，肉质细密，味甜、汁多、浓香、耐贮运。

柿树科

Ebenaceae

盘山磨盘柿

🔲 柿树科 Ebenaceae　　🌐 柿属 *Diospyros*

　　又名盖柿、合柿、腰带柿。10 月下旬采收，果实呈磨盘形，缢痕深而明显，位于果腰，将果实分为上下两部分而得名。果个大，单果重 200g，最大 500g。果皮橙黄色，皮厚而脆，果肉橙黄色，软后水质，汁特多，味甜，无核，宜脱涩鲜食，耐贮运。脱涩的柿果，肉质松脆，味甜爽口。

鸡心柿

🔲 柿树科 Ebenaceae   🌑 柿属 *Diospyros*

又名早柿、八月红、梨儿柿、小柿、水沙柿。10月上中旬成熟，果实个小，平均单果重 70～80g，扁圆形，形状如橘，橘红色，光滑亮泽，外形美观，秋季果实满树，红绿相间，具有很高观赏价值。果肉橙黄，肉质松，汁多味甜，品质上，鲜食、加工均宜，制饼所需时间极短。

君迁子

🌿 柿树科 Ebenaceae　　🌰 柿属 *Diospyros*

又名黑枣。乔木，高 5 ～ 10m；树皮暗褐色，深裂成方块状；幼枝有灰色柔毛。叶椭圆形至长圆形，长 6 ～ 12cm，宽 3 ～ 6cm，表面密生柔毛后脱落，背面灰色或苍白色，脉上有柔毛。花期 5 月，花淡黄色或淡红色，单生或簇生叶腋，花萼密生柔毛，4 深裂，裂片卵形。果熟期 10 ～ 11 月，果实近球形，直径 1 ～ 1.5cm，熟时蓝黑色，有白蜡层，近无柄。

莲花柿

柿树科 Ebenaceae   柿属 *Diospyros*

树体高大，树冠圆头形，开张，枝条较密，结果后易下垂。单性结实能力强，栽植不需配置授粉树。果实 10 月上中旬成熟，果实长方形，橙黄色或橙红色、软化后橙红色。果皮细而光滑、有果粉、无网状花纹，无裂纹。果实纵沟较深，无锈斑，缢痕明显，莲花状。果实大，平均单果重 170g，果肉橙红色，无黑斑。肉质松脆、软化后水质，汁液较多，味甜。

富有

🌳 柿树科 Ebenaceae　　🍂 柿属 *Diospyros*

　　10月下旬成熟，果实中大，扁圆形，单果重平均100～250g，色橙红，无缢痕，果顶平，外形美观，果肉橙红色，树上自然脱涩，硬柿味甘甜，肉质松脆，有核2～3枚，可存放30天，以后变软，软食汁多，味更甜。

次郎

🌰 柿树科 Ebenaceae　　🍂 柿属 Diospyros

又名治次郎。10月下旬成熟，果实个中等大，扁方柱形，平均单果重140g，最大300g以上，成熟时橙红色，有四条纵沟，但无缢痕，果顶广平，微凹，果柄长，果皮较厚，果肉橙红色，略带红色，柿味甜，质地细嫩，脆，品质上等，心室8个，核少1～2个，也有无核者，常温下保脆期30～40天。

阳丰

📗 柿树科 Ebenaceae　　🌐 柿属 Diospyros

　　10月中下旬成熟，果实扁圆形，平均果重230g，最大果重400g，成熟时果面橙红色，果顶浓红色，外观艳丽迷人。果肉橙红色，肉质硬脆，味甜，甘美爽口；存放后肉质致密，味浓甜。可溶性固形物18.4%，品质特佳。单独栽培时无核，配置授粉树后产量增加，但果实种子数增多。耐贮运，不裂果。

禅寺丸

🔲 柿树科 Ebenaceae 🔵 柿属 *Diospyros*

又名王禅寿丸、枝柿、富岛。10月上旬成熟，果个中小，圆形或圆柱形，平均果重100g，橙红色，果粉多，果肉黄色，有紫色斑点，核多，平均每果6～7枚，但后期低温，易造成树上脱涩不完全，果肉褐斑多，果实核多而大，品质变劣，一般情况下，肉质嫩脆，风味甜。

山毛榉科

Fagaceae

津早丰

山毛榉科 *Fagaceae* 栗属 *Castanea*

天津市诞生的首个具有自主知识产权的板栗品种。坚果 8 月底成熟，9 月 7 日前采收完毕，果实发育期约 60 天。坚果椭圆形，赤褐色，果面有细微绒毛，色泽艳丽、美观。果粒均匀整齐，平均单粒重 8.1g，果肉黄白色，质地细糯，风味甘甜，内果皮易剥离。

油皮栗

⬆ 山毛榉科 Fagaceae　　◎ 栗属 Castanea

　　又名明栗、毛栗。油皮栗是一个种群，由于长期的实生繁殖，变异很大，其中果个有大小区别，成熟早晚不一，皮色也明显不同，但内在品质大致相同，表现为糯性强，含糖量高，水分小，风味香甜可口，内果皮易剥离。

燕山红

■山毛榉科 Fagaceae　　◎栗属 Castanea

　　品种树势健壮，树冠紧凑，枝条角度小，结果母枝连续结果能力强，耐瘠薄，抗病力强，嫁接后两年均可见果，丰产性强且稳定。9月下旬成熟，坚果呈棕红色，总苞椭圆形，皮薄，平均重40.5g。坚果大，平均单果重9g，平均每苞有栗实2.4粒。

银丰

山毛榉科 *Fagaceae*　　**栗属** *Castanea*

　　树冠较小，成枝强，特别适于页岩风化土地区。坚果 9 月中下旬成熟，果实个大，平均单果重 9.5g，果皮棕红，光滑，外观美，果肉浅黄，口感细腻，味香甜，耐贮藏。

短丰

🔷 山毛榉科 Fagaceae　　🌐 栗属 Castanea

　　又名后韩 20、大叶青。树势强健，枝条直立，树冠紧凑，叶片大而厚，适应性强，在肥沃的土地上不疯长，在瘠薄山地亦生长正常，是一个不可多得的抗虫抗栗疫病，适宜密植的品种。坚果 9 月下旬成熟，果个大，椭圆形，深褐色，果皮光亮，茸毛少，果肉含糖 20.6%，味香甜可口，品质极佳。

燕魁

⬆ 山毛榉科 *Fagaceae* 　◯ 栗属 *Castanea*

　　树势强旺，接后两年见果，3～4年可丰产。成熟期9月中旬，总苞大，坚果棕褐色，有光泽，茸毛中等，果个大，平均单果重10～11g，果肉质地细腻，总糖含量21.2%。味香甜，品质极佳，耐贮性强。

燕山早丰

🔺 山毛榉科 *Fagaceae*　　🟢 栗属 *Castanea*

　　原杨家峪 3113 号。树姿半开张，呈圆头状，分枝角度中等。总苞小，成熟时呈"十"字开张。叶长椭圆形，叶缘钝锯齿状。栗蓬刺较密，每蓬平均栗果 2.5 个，出果率 41%。栗果红褐色，茸毛少，个头均匀，9 月上旬成熟。

胡桃科

Juglandaceae

核桃楸

🌳 胡桃科 Juglandaceae　　🌰 胡桃属 *Juglans*

　　又名山核桃。落叶乔木，高达 20m 以上，树皮灰色或暗灰色，树势强健，结果较早，主要以顶芽结果。果实 8 月底成熟，卵形或椭圆形，坚果长圆形，表面有 6 ~ 8 条棱脊和不规则深沟，壳及内隔壁坚厚，不易开裂，食用价值低。

麻核桃

▣ 胡桃科 Juglandaceae　　● 胡桃属 Juglans

又名河北核桃。树皮灰白色，树势强健，干性较强，生长量大，进入结果期较早，嫁接后 2 至 3 年便可见果，雌雄同株异花，每花序结果 1～2 个，不丰产。雌雄同株异花，每花序着生果实 1～3 个。坚果近球形，顶端具尖，刻沟、刻点深，有 6～8 条不明显的纵棱脊，缝合线突出，适于做工艺品，栽培上应用的变种较多，包括狮子头、公子帽、鸡心、官帽、灯笼等。

黄花山核桃

📙 胡桃科 Juglandaceae　　🌐 胡桃属 *Juglans*

　　又名大绵核桃、石门核桃。8月末果实成熟，具有个大、仁丰、皮薄、易取仁、脂肪和蛋白质含量高、风味香甜的特点。坚果圆形，单果重 13 ～ 15g，壳皮厚 1.2mm，可取整仁，含脂肪 77% 左右，仁重 7.5g，出仁率 50% 以上，味浓香，品质优，属仁油兼用品种。

辽核5号

◀ 胡桃科 Juglandaceae　　◉ 胡桃属 *Juglans*

坚果椭圆形，果顶圆具突尖，纵径 3.5cm，横径 3.0cm，侧径 3.1cm，平均坚果重 9.8g，壳面较光滑，色浅，缝合线微隆，结合紧密，壳厚 1.1mm，可取整仁或 1/2 仁。核仁充实饱满，色浅，风味佳，出仁率 58.2%。

辽核7号

🔲 胡桃科 Juglandaceae   🌐 胡桃属 *Juglans*

树势较旺，生长直立，树冠近圆柱形，分枝力中等，侧芽结果为多，丰产性强，而且稳定，抗病力强。晚熟品种，9月中旬成熟，果个中等，圆形，壳面光滑，单果重平均12g，壳薄，壳与仁间分离，易出整仁，出仁率54%，仁白色，香气浓。

清香

◻ 胡桃科 Juglandaceae   ◉ 胡桃属 *Juglans*

    树体中等大小，树姿半开张，幼树时生长较旺，结果后树势稳定。高接树翌年开花结果，坐果率 85% 以上。9 月中旬果实成熟，坚果较大，外形美观，近圆锥形，大小均匀，壳皮光滑淡褐色。种仁品质优良，内褶壁退化，取仁容易，仁色浅黄，香味浓涩味淡，风味佳。

新疆核桃

胡桃科 Juglandaceae　　胡桃属 *Juglans*

又名胡桃、核桃。落叶乔木，奇数羽状复叶，小叶椭圆形。10月果实成熟，核果球形，外果皮平滑，内果皮坚硬，有皱纹。新疆核桃分为纸皮核桃、薄壳核桃、露皮核桃、新温179号等，核果形状多种多样，核壳局部退化，取仁极为方便。肉偏黄，味香酥，皮薄。

野核桃

🔲 胡桃科 Juglandaceae 🔘 胡桃属 *Juglans*

　　又名山核桃、胡桃楸。乔木或有时呈灌木状，幼枝灰绿色，顶芽裸露，锥形，黄褐色，密生毛。奇数羽状复叶，叶柄及叶轴均被毛，小叶近对生，无叶柄，基部斜圆形或稍斜心形。花期4～5月，果序长而下垂。10月果实成熟，果实卵形或卵圆状，顶端尖，内果皮坚硬。

桑科
Moraceae

山毛桑

桑科 Moraceae　桑属 *Morus*

又名鸡桑。落叶灌木或小乔木，树势中庸，树姿开张，树冠丛状。叶片中大，叶卵形，长 6～17cm，先端急尖，基部截形或近心形，缘具粗齿，背面有毛。果实个小，果色红、黑两种，味酸甜或甜酸，口感差、品质次，无商品价值，是比较好的砧木。

大果黑桑

🌿 桑科 Moraceae 🌿 桑属 Morus

　　树势健旺，高 3 ～ 7m 或更高，树皮灰褐色，抗旱能力强，耐瘠薄，结果早而多。枝条直立且粗壮。叶片大而肥厚，叶片桃形，叶互生，卵圆形，边缘粗钝锯齿。花期 4 ～ 5 月，花单性，黄绿色。5 月底 6 月上旬成熟，聚合果腋生，肉质，有柄，椭圆形，长 1 ～ 2.5cm，深紫色或黑色，少有白色，味酸甜爽口，汁多。

白果王

🌸 桑科 Moraceae　　🌿 桑属 *Morus*

又名大白桑葚。树势健旺，树冠呈乱头形，叶片中大，适应性强，抗旱抗寒且较耐涝，结果快，嫁接翌年正常结果。6月上旬成熟，果实个大，乳白色，长圆柱形。

黑霸

▦ 桑科 Moraceae　　🌳 桑属 Morus

　　又名大黑桑葚。乡土树种，树势强健，适应各类中性及酸性土质，抗旱和抗寒能力强。成熟期5月下旬，果实个大，长圆柱状，果面完熟后油黑有光泽，在市场很受欢迎。

鸡桑

桑科 Moraceae　桑属 *Morus*

又名小叶桑。灌木或小乔木，树皮灰褐色，冬芽大，圆锥状卵圆形。叶卵形，先端急尖或尾状，基部楔形或心形，边缘具粗锯齿，表面粗糙；叶柄长 1 ～ 1.5cm，被毛。花期 3 ～ 4 月，雄花序长 1 ～ 1.5cm，被柔毛，雄花绿色，具短梗，花被片卵形，花药黄色，雌花序球形，暗绿色。果期 4 ～ 5 月，聚花果短椭圆形，成熟时红色或暗紫色。

龙爪桑

桑科 Moraceae　　桑属 *Morus*

　　枝条扭曲如游龙，具有姿态优美、耐旱、抗风、抗寒力强的特点，喜光，适应性强，抗污染，抗风，耐盐碱，是优秀的景观树种。

蒙桑

桑科 Moraceae　桑属 Morus

　　落叶小乔木或灌木，无刺，树皮灰褐色，纵裂。小枝暗红色，老枝灰黑色；冬芽卵圆形，灰褐色。叶互生，长椭圆状卵形，先端尾尖，基部心形，边缘具三角形单锯齿，两面无毛，叶柄长2.5～3.5cm。花期3～4月，雄花序长3cm，花被暗黄色。雌花序短圆柱状，长1～1.5cm，花被片外面上部疏被柔毛，或近无毛。果期4～5月，聚花果长1.5cm，成熟时红色至紫黑色。

芸香科

Rutaceae

伏椒

芸香科 Rutaceae　　花椒属 *Zanthoxylum*

　　适应性强，对自然环境的要求不严，抗旱抗寒能力均强。生长快，结果早，4月底发芽，5月初即可采芽。5月中下旬开花，8月下旬成熟。采收后应以阴干为最好，干花椒种子脱落，只剩暗红色果皮为成品。

秋椒

芸香科 Rutaceae　花椒属 *Zanthoxylum*

落叶小乔木，高 3 ～ 8m，小枝具宽扁而尖锐的刺。小叶 5 ～ 9 片，叶卵形至卵状椭圆形。聚伞状花序，花期 3 ～ 5 月，其生长结果习性与伏椒相同。晚熟品种，成熟期在 9 月中下旬。喜光，喜温暖，不耐涝。

枸椒

🔲 芸香科 Rutaceae 　　🟢 花椒属 *Zanthoxylum*

又名青椒、崖椒、山花椒、天椒、土花椒、香椒子。落叶灌木，高 3m，枝上疏生皮刺，无毛。叶互生，表面绿色，叶轴有狭翼，中间下陷成小沟状，背面有斜上的小沟刺。花绿色，单性异株，顶生伞房状圆锥花序，雄花有退化心皮 2 ～ 3 枚，雌花心皮 3 枚。果实为 1 ～ 3 个干果合成。

无患子科

Sapindaceae

文冠果

无患子科 Sapindaceae　　文冠果属 *Xanthoceras*

灌木或小乔木，高达 8m，常见为 3 ～ 5m，并丛生状，树皮灰褐色。羽状复叶，叶长形至披针形，长 3 ～ 5cm。花期 4 ～ 5月，花序大，呈穗状，花多而紧凑，花冠白色。果 8 ～ 9 月成熟，蒴果椭球形，具木质厚壁，种子球形，径约 1cm，暗褐色，种仁含油 50% ～ 70%，油质好。通常用作油料植物，果实成熟后不可食用。

杜鹃花科

Ericaceae

蓝莓

🌿 杜鹃花科 Ericaceae ○ 越橘属 *Vaccinium*

又名蓝梅、笃斯、笃柿、嘟嗜、都柿、甸果、笃斯越橘。一种小浆果，被誉为"水果皇后""美瞳之果"。原生于北美洲与东亚，为灌木，高度可从 10cm 到 4m。叶可为落叶性或常青性，叶形卵圆形到披针形，长 1 ~ 8cm，宽 0.5 ~ 3.5cm。花朵为钟形，颜色从白色、桃色到红色都有，有时带有淡淡的绿色调。果实呈蓝色，色泽美丽、悦目、蓝色并被 1 层白色果粉包裹，果肉细腻，种子极小。平均重 0.5 ~ 2.5g，最大重 5g，甜酸适口，具有香爽宜人的香气。

天津山区大面积栽培的优良品种有主要品种有奥尼尔蓝莓、布里吉塔蓝莓、杜克蓝莓、北陆蓝莓、伯克利蓝莓、莱克西蓝莓、勃克力蓝莓、蓝丰蓝莓、蓝金蓝莓、天赐 4 号蓝莓、天后天赐 1 号蓝莓、天拉天赐 2 号蓝莓。

北陆蓝莓

奥尼尔蓝莓

布里吉塔蓝莓

杜克蓝莓

伯克利蓝莓

莱克西蓝莓

勃克力蓝莓

蓝丰蓝莓

蓝金蓝莓

天赐4号蓝莓

天后天赐1号蓝莓

天拉天赐2号蓝莓

桦木科

Betulaceae

榛子

🌿 桦木科 Betulaceae　　🌰 榛属 *Corylus*

　　小乔木，树皮灰色。叶为矩圆形或宽倒卵形，顶端凹缺或截形，中央具三角状突尖，边缘具不规则的重锯齿，叶柄疏被短毛或近无毛。花期4～5月，雄花序单生。果苞钟状，密被短柔毛兼有疏生的长柔毛，上部浅裂，裂片三角形，边缘全缘，序梗密被短柔毛。果熟期9月，坚果近球形，有黄褐色外壳，无毛或仅顶端疏被长柔毛，种仁气香、味甜，具油性。

毛榛

榉木科 Betulaceae　**榛属 Corylus**

又名毛榛子、火榛子。灌木植物，高 2 ~ 4m，丛生，多分枝。树皮暗灰色或灰褐色，幼枝黄褐色，密被长柔毛。叶宽卵形或矩圆状倒卵形，长 3 ~ 11cm，宽 2 ~ 9cm；骤尖的裂片，基部心形，边缘具不规则的重锯齿，上面深绿色，下面淡绿色；叶柄稍细长。果单生或 2 ~ 6 枚簇生，坚果近球形，长约 12mm。

石榴科

Punicaceae

石榴

🔵 石榴科 Punicaceae　　🔵 石榴属 *Punica*

　　又名安石榴、海榴。落叶灌木,高 5 ~ 7m。树冠丛状自然圆头形,树干呈灰褐色,上有瘤状突起。内分枝多,嫩枝有棱,多呈方形;小枝柔韧,不易折断。叶对生或簇生,长 2 ~ 8cm,顶端尖,表面有光泽,背面中脉凸起,有短叶柄。花期 5 ~ 6 月,花多红色,径约 3cm,花萼钟形,质厚。果 9 ~ 10 月成熟,浆果近球形,径 6 ~ 8cm。

茄科

Solanaceae

大枸杞

🌿 茄科 Solanaceae　　🌸 枸杞属 *Lycium*

　　棘刺灌木，枝条细弱，小枝顶端锐尖成棘刺状。单叶互生或 2 ～ 4 枚簇生，叶卵形或卵状菱形。花果期 6 ～ 11 月，花在长枝上单生或双生于叶腋，在短枝上则同叶簇生。花萼通常 3 中裂或 4 ～ 5 齿裂，花冠裂片密生缘毛。浆果红色，长矩圆状或长椭圆状，顶端尖或钝，长 7 ～ 15mm。种子扁肾脏形，长 2.5 ～ 3mm，黄色。

虎耳草科

Saxifragaceae

东北茶藨子

🌿 虎耳草科 Saxifragaceae　🌼 茶藨子属 *Ribes*

又名满洲茶藨子、山麻子、东北醋李、狗葡萄、山樱桃、灯笼果。落叶灌木，高 1 ~ 3m，小枝灰色或褐灰色，无刺。芽卵圆形或长圆形，先端稍钝或急尖，具数枚棕褐色鳞片，外面微被短柔毛。花期 4 ~ 6 月，花序轴和花梗密被短柔毛，萼片倒卵状舌形或近舌形，先端圆钝，边缘无睫毛。果期 7 ~ 8 月，果实球形红色，无毛，味酸可食。

仙人掌科

红心火龙果

仙人掌科 Cactaceae ○ 量天尺属 *Hylocereus*

多年生蔓性植物，保健功效水果。耐热，能耐 40 ～ 50℃，不耐低温，在 8 ℃以下则有不同程度的寒害，低于 0 ℃会冻死。非喜干旱而喜湿润，根不耐水浸，并非怕水，而是不耐缺氧。花为虫媒花，夜晚开花，一直开到翌日上午。自花自品种授粉结实，结出圆球形或长圆形红色果皮的果实，果肉软滑清甜。

第3章

天津果树地方标准

自 2005 年以来，天津市蓟州区林业局先后制定 5 个天津市果树地方标准，由天津市质量技术监督局发布。

①《无公害农产品 板栗栽培管理技术规范 (DB12/T 257—2005) 》，2005 年 12 月 6 日发布，2005 年 12 月 6 日实施。

②《无公害农产品 红地球葡萄栽培技术规范 (DB12/T 297—2006) 》，2006 年 11 月 2 日发布，2006 年 11 月 15 日实施。

③《无公害农产品 核桃栽培管理技术规范 (DB12/T 419—2010) 》，2010 年 1 月 8 日发布，2010 年 5 月 1 日实施。

④《盘山磨盘柿 (DB12/T 399—2008) 》，2008 年 11 月 13 日发布，2009 年 3 月 1 日实施。

⑤《天津板栗 (DB12/T 400—2008) 》，2008 年 11 月 13 日发布，2009 年 3 月 1 日实施。

3.1 无公害农产品 板栗栽培管理技术规范（DB12/T 257—2005）

——2005年12月6日发布，2005年12月6日实施

起草人：杜长城 李 银 赵国明 张文举 吕宝山

1 范围

本标准规定了无公害农产品板栗生产的园地选择与规划、建园、土肥水管理、整形修剪、花果管理、病虫害防治、采收与产地预贮技术要求。

本标准适应于天津市行政区域内无公害板栗的生产。

2 规范性引用文件

下列文件中的条款通过本标准的引用而成为本标准条款。所示版本均为有效。凡是注明日期的引用文件，其随后所有的修改单（不包括勘误的内容）或修订版不适用于本标准，然而，鼓励根据本标准达成协议的各方面研究，是否可使用这些文件的最新版本。凡不注明日期的引用文件，其最新版本适用于本标准。

GB/T 4285 农药安全使用标准

GB/T 18407.2—2001 无公害水果产地环境要求

GB/T 8321.1-6 农药合理使用准则（一）～（六）

NY/T 496—2002 肥料合理使用准则

NY/T 475—2002 梨苗木

NY/T 5012—2002 无公害食品 苹果生产技术规程

3 园地选择与规划

3.1 园地选择

3.1.1 无公害板栗园地的环境条件应参照 GB/T 18407.2—2001 的规定执行。

3.1.2 气候条件：年平均气温 8.5 ～ 10℃，4 ～ 10月平均气温 18 ～ 20℃，冬季极限最低温 -22℃，无霜期≥ 180d，年降水≥ 450mm。

3.1.3 土壤条件：板栗建园宜选择土层厚度≥ 40cm、排水良好、地下水位低，土壤通气好的花岗岩、片麻岩地区，砂岩、白云岩也可以，但必须是中性或偏酸性土壤，土壤 pH 值 5.5 ～ 7.5 之间。适宜土壤：棕壤、褐壤土、沙壤土、壤土等透气性良好的土壤。在透气性差的黏土地栽植，建园前必须进行土壤改

良。土壤有机质含量≥ 0.7%。

3.1.4 地势

3.1.4.1 海拔高度≤ 500m，最好选阳坡、半阳坡，低山区丘陵半阴坡也可。

3.1.4.2 坡度＜ 25°，＞ 25°以上坡必须搞好水土保持工程或修筑梯田。

3.1.4.3 有风害地区或风口处不宜栽植板栗。

3.1.5 水利条件：栗园要求排水良好，地下水位低（平原 5m 以下；山坡地 8m 以下），水的 pH 值 5.5 ~ 7。

3.2 园地规划

3.2.1 小区规划：为合理利用土地和便于管理，小区面积一般为 0.67 ~ 1.3hm²，最小面积≥ 0.33hm²。

3.2.2 道路设计：道路分主路、支路、作业路三级。

主路宽 4m，支路宽 3m，贯穿小区中央。支路连接主路和作业道，根据小区划分和需要沿等高线修建。为作业方便，作业道宽 2m。

3.2.3 排灌设施：小区内应设排灌系统，无水浇条件的山地应按每 0.2 ~ 0.33hm² 栗园，设计 30m³ 微型蓄水池一座，土质黏重区或沟谷应修筑排水沟渠。

3.2.4 品种配置：一个小区应不少于 2 个品种，大型栗区 10hm² 以上需配置品种 4 个以上。主栽品种与授粉品种的比例为 4∶1 ~ 5∶1。

3.2.5 栽植密度：依据地形、土壤等条件，条件好适当稀些，反之则应当密些，一般株行距可采用 3m×3 ~ 5m，每 667m² 可栽植 44 ~ 74 株。

4 建园

4.1 整地施肥

根据地形地貌、栽植密度，确定整地方法。

4.1.1 沟状整地：坡度在 15°以下，栽植密度较大的（大于 55 株 /667m²）应采取沟状整地方法，沟宽（底）≥ 70cm，深 70cm，沟与沟之间水平距 3 ~ 4m。

4.1.2 穴状整地：在坡度 15° ~ 25°的坡地建园，宜采取穴状整地，穴长、宽、深均≥ 70cm。穴距水平方向 2 ~ 3m，垂直方向水平距 3 ~ 4m。

4.1.3 回填与施肥：回填时按 25 ~ 30kg/ 株有机肥标准，将有机肥与底土混匀填入穴的下部，然后把穴填平。

4.2 苗木标准及栽前处理

4.2.1 苗木标准：按 NY/T 475—2002 梨苗木 表 4-9 梨实生砧苗的质量指标执行。或使用同等质量的板栗实生苗建园，生长 1 年后再按照设计的品种于春季用插皮方法在苗木距地面 20 ～ 30cm 处进行嫁接。

4.2.2 栽前处理

4.2.2.1 栽前用 100mg/L 的 1 号生根粉喷根。

4.2.2.2 栽前苗木用清水浸根 24 小时，使苗木充分吸水。

4.3 定植

4.3.1 定植时间：春栽 4 月上旬，秋栽 11 月上旬。

4.3.2 定植方法：在定植穴或沟内按规划株距，挖长宽深各 30cm 的小穴，将 20 目抗旱保水剂 10g 与小穴底部土壤混合，浇水打浆后，放入苗木，覆土提苗，踩实，再浇入足够的水，覆土与地面相平，然后树下覆地膜 1m²。秋栽还须埋土防寒。

4.4 栽后管理

4.4.1 秋栽苗木春季于 4 月初，撤去防寒土，把苗扶正，及时补浇水，封土并覆地膜 1m²。

4.4.2 定干：栽植后及时定干，高度 40 ～ 60cm（实生苗嫁接后待新梢生长到 50 ～ 60cm 时摘心，以促生分枝，摘心后苗木留高 60cm）。

4.4.3 塑料袋套干：定干后及时用稍长于树干的塑料袋套干。

4.4.4 撤袋：当苗木新芽展叶后破袋放风，新梢生长到 5cm 时撤袋，撤袋时间，早 8：00 时前，晚 5：00 时后进行。

5 土肥水管理

5.1 土壤管理

深翻改土，每年沿原挖沟穴外沿深翻改土，在改土基础上，坡地要修整梯田，梯田面要求沿等高线平整，田面宽 3 ～ 4m，并成内低外高状，外沿高出田面 30cm；在 15° 以上陡坡，梯田宽 2 ～ 3m，两梯田之间留 1 ～ 2m 灌草带，以利保持水土。

5.2 施肥

5.2.1 施肥原则：按照 NY/T 496—2002 规定执行。

5.2.2 允许使用的肥料

5.2.2.1 有机肥料：包括堆肥、沤肥、厩肥、沼气肥、绿肥、作物秸秆肥、饼肥和商品有机肥、有机复合肥。

5.2.2.2 腐殖肥类：包括腐殖酸类肥料。

5.2.2.3 化肥：包括氮、磷、钾等大量元素肥和微量元素肥及其复合肥等。

5.2.2.4 微生物肥：包括微生物制剂及经过微生物处理过的肥料。

5.2.3 注意事项：禁止使用未经处理的城市垃圾或有重金属、橡胶或有害物质的垃圾，控制使用含氯化肥和含氯复合肥。

5.2.4 施肥方法和数量

5.2.4.1 基肥：秋季采果后施入（9月下旬至10月底），以有机肥为主，方法采用沟施、穴施或撒施，部位应选在树冠投影外围，吸收根集中的土层内，如果撒施，全园施肥后将肥翻入土壤内，施肥量 10 ～ 15kg/ 株。

5.2.4.2 追肥：早春返青前，沟施或穴施尿素加磷肥 0.2 ～ 0.3kg/ 株。追施硼肥：每隔4年至5年追施硼肥一次，防止空蓬，施入深度30cm，可结合秋季施肥同时施入，也可在雨季追施。施用量：5 ～ 10 年生的 0.1kg/ 株，10 ～ 20 年生的 0.15kg/ 株，20 年生以上的 0.2kg/ 株。

5.2.4.3 果实收获前 30d，不能施肥。禁止使用硝态氮肥。

5.2.4.4 根外追肥：3月下旬至4月上旬栗树萌动期，用氨基酸肥喷一次枝干或 5 ～ 8 月喷施一次 0.3% 尿素或磷酸二氢钾。收获前 20d 不能喷施。

5.3 水的管理

有水浇条件的栗园，于早春施肥后立即浇水1次。无水源栗园，应充分利用自然降水，用蓄水池里的水给栗树补水，还可采用穴施肥水方法，即在树冠垂直投影下环状挖穴 3 ～ 5 个，长、宽、深各 30 ～ 40cm，每穴施有机肥 3 ～ 5kg，保水剂 10 ～ 20g，混合要均匀，再浇水 10 ～ 15kg，覆土后在上边覆盖地膜或杂草。

6 整形修剪

6.1 整形

采用自然开心形或主干疏散分层延迟开心形。

6.1.1 自然开心树形，全树选留 3 至 4 个主枝，不留中心干，主枝开张角度 50°～ 60°，每个主枝选留 2 至 3 个侧枝。

6.1.2 主干疏散分层延迟开心树形，全树选留主枝 5 至 6 个，每个主枝选留 2 个侧枝。第一层选留主枝 3 个，主枝角度 50°～ 60°，第二层选留主枝 2 个，主枝角度 40°。两层主枝层间距 80 ～ 100cm。

6.2 修剪

冬季修剪为主，冬夏结合。

6.2.1 幼龄树修剪：1 至 3 年生树，冬短截、夏摘心，疏过密、开角度。4 至 5 年生树，冬剪截疏结合，按树冠投影面积留粗壮结果母枝 6 ～ 8 个 /m²，夏季开张角度。

6.2.2 结果树修剪：树冠覆盖率控制在 80%，维持树势、平衡枝势、调整光照，更新结果母枝，树冠投影面积留结果母枝 10 ~ 12 个 /m²，夏季疏除无雌花的细弱无效枝。

6.2.3 衰老树修剪：落头回缩，及时更新，促发新枝，夏季摘心，培养新结果母枝。

7 花果管理

7.1 人工疏雄花

当混合花序生长到 2cm 长时，开始疏雄花序，疏除新梢基部雄花序总量的 2/3。

7.2 栗园放蜂

花期每公顷栗园放养蜜蜂 1 箱。

7.3 叶面施肥

花前喷施一次氨基酸肥。

8 病虫害防治

8.1 防治原则

积极贯彻"预防为主，综合防治"的植保方针，以农业防治和物理防治为基础，按照病虫害的发生规律，选择其薄弱时期科学使用化学防治技术，控制病虫害。

8.2 农业防治

应用抗病虫新品种、清理栗园、刮树皮和病斑集中烧毁或深埋、加强土肥水管理、精细修剪，使树冠通风透光良好，利于增强树体抗病虫能力措施。

8.3 物理防治

根据害虫生物学特性，采取糖醋液、树干绑草把、诱虫灯等方法诱杀害虫。

8.4 生物防治

利用赤眼蜂、草青蛉等害虫天敌，以虫治虫，利用昆虫性外激诱素或干扰害虫交配。

8.5 化学防治

8.5.1 常用的化学农药剂合理使用准则见附录 A。

8.5.2 药剂使用原则：应用化学农药时，按 GB/T 4285 农药安全使用标准 GB/T 8321.1—6 农药合理使用准则（一）~（六）执行。无公害板栗栽培禁止使用的化学药剂见附录 B。

8.6 主要病虫害

8.6.1 主要病害：板栗疫病（胴枯病）。

8.6.2 主要害虫：红蜘蛛、栗大蚜、木橑尺蠖、栗瘿蜂、栗实象甲、桃蛀螟。

8.7 防治规程

见附录 C。

9 采收与贮藏

9.1 要适时采收，不能早采。

9.2 成熟标准：板栗总苞裂开，栗果呈褐色或红褐色，有光泽，并开始脱落。

9.3 采收方法：拾栗法，板栗成熟后每天早晨和下午及时捡拾。

9.4 产地贮藏：贮藏地点应远离各种污染源。采收的板栗坚果经阴凉 2～3 天后，在温度 12℃以下沙藏或冷库贮藏。

9.5 贮藏地与贮藏过程中不能有污染物污染板栗坚果，允许使用符合国家食品安全标准的保鲜包装材料。

附录A　无公害农产品　板栗栽培中常用化学药剂
（规范性附录）

表 A.1　杀虫杀螨剂

序号	农药名称	主要防治对象	每年最多使用次数	常用浓度倍数	安全间隔期（d）
1	尼索朗	红蜘蛛	1	2000 倍	90
2	阿维菌素	红蜘蛛、食心虫	2	3000 倍	30
3	吡虫啉	蚜虫	2	6000～8000 倍	30
4	灭幼脲	桃蛀螟、尺蠖	1	1500 倍	80
5	齐螨素	桃蛀螟、尺蠖	1	1500 倍	60

表 A.2　杀菌剂

序号	农药名称	主要防治对象	每年最多使用次数	常用浓度倍数	安全间隔期（d）
1	多抗霉素	胴枯病、溃疡病	2	2000	30
2	过氧乙酸	胴枯病、溃疡病	2	3000	30
3	梳理剂	胴枯病、溃疡病	2	6000～8000	50
				1500	
				1500～2000	

附录B 禁止使用的化学药剂
(规范性附录)

表B 禁止使用的化学药剂

农药种类	名　称	禁用原因
有机磷类	甲拌磷、甲胺磷、甲基对硫磷、对硫磷、久效磷、磷胺、内吸磷、水胺硫磷、氧化乐果、治螟磷、丙线磷、苯线磷、地虫硫磷、蝇毒磷、甲基异硫磷、甲基硫环磷	高毒、剧毒
有机氯类	六六六、滴滴涕、林丹、硫丹、三氯杀螨醇、毒杀芬	高残留
有机砷类	福美申、福美甲砷	高残留
有机氮类	杀虫脒	致癌
有机汞类	富地散、西力生	高残留
有机锡类	三环锡、薯瘟锡、毒菌锡	致畸
氨基甲酸酯	涕灭威、克百威、灭多威	高毒
甲醚类	杀虫脒	致癌
卤代烷类	二溴氯丙烷	致癌、致畸

附录C 防治规程
(资料性附录)

C.1 休眠期 (12 月至 2 月)

C.1.1 结合冬剪,剪掉细弱枝、病虫枝。

C.1.2 刮树皮 (不可刮的过深) 并集中烧毁或深埋,清除栗大蚜等害虫越冬卵。

C.2 芽萌动期 (3 至 4 月)

对已染发栗疫病 (胴枯病) 的树及时检查刮掉病斑部的树皮,用"多抗霉素"或"过氧乙酸"消毒。

C.3 新梢速长期 (5 月)

树体喷布 1.8% 阿维菌素 9000 ~ 10000 倍 +10% 一遍净可湿性粉剂 2000 倍,防治栗大蚜、红蜘蛛。

C.4 营养生长及果实生长期 (6 至 8 月)

树体喷布 25% 灭幼脲 1500 ~ 2500 倍或 B.T 乳剂 300 ~ 500 倍液防治桃蛀

蜈和木橑尺蠖。

C.5 果实成熟及落叶期 (9 月至 11 月)

C.5.1 清理存放栗苞、栗果场所及栗园，把栗苞、栗果残体及园内枯枝落叶等集中烧毁或深埋。

C.5.2 把存放栗苞、栗果场所清理后喷一遍杀虫剂"齐螨素"消灭存留害虫。

3.2 无公害农产品 红地球葡萄栽培技术规范（DB12/T 297—2006）

——2006年11月2日发布，2006年11月15日实施

起草人：李银 贾爱军 王学珍 田淑月 张勇 田艳春 刘爱萍

1 范围

本规范规定了无公害农产品红地球葡萄生产的术语和定义、产地环境与建园要求、土肥水管理、整形修剪、花果管理、病虫害防治、采收与分级。

本规范适用于天津地区红地球葡萄生产。

2 规范性引用文件

下列文件中的条款通过本规范的引用而成为本规范的条款。所示版本均为有效。凡是注明日期的引用文件，其随后所有的修改单（不包括勘误的内容）或修改版均不适用于本规范。然而，鼓励根据本规范达成协议的各方面研究，是否可使用这些文件的最新版本。凡不注明日期的引用文件，其最新版本适用于本标准。

GB/T 4285—1989　农药安全使用标准

GB/T 8321—2002　农药合理使用准则（所有部分）

GB/T 18407.2—2001　无公害水果产地环境要求

NY/T 496—2002　肥料合理使用准则

NY/T 469—2001　葡萄苗木

NY/T 5086—2002　无公害食品 鲜食葡萄

NY/T 5087—2002　无公害食品 鲜食葡萄产地环境条件

NY/T 5088—2002　无公害食品 鲜食葡萄生产技术规程

中华人民共和国农业部公告第 199 号 (2002 年 5 月 22 日)

3 术语和定义

下列术语和定义适用于本规范。

3.1 伤流 injury flow

当植物受到修剪、剐蹭、折裂等外伤时，伤口处会流出一定数量的透明液体，这种现象称为伤流。

3.2 自根苗 seedling from root of self

自根苗是由葡萄茎产生不定根和茎上的芽抽生新梢而形成的葡萄苗木。

3.3 绿苗 green seedling

绿苗是自根苗的一种。是利用温室升温、电热线催根、营养袋快速培育葡萄苗的新方法。培育的苗木从插条到出圃仅 80d，绿苗具 3 ~ 4 片叶，定植后可当年成园。

4 产地环境与建园要求

4.1 环境要求

4.1.1 气候

选择生态条件良好，全年 ≥ 10℃ 的活动积温 ≥ 3800℃，年降水量 <600mm，采前一个月降水量 <50mm，全年日照数 ≥ 2700h。

4.1.2 土壤

土层厚度 ≥ 80cm 的肥沃、排水良好，地下水位 2m 以下的壤土或沙壤土，土壤质量执行 NY/T 5087—2002 标准。

4.1.3 灌溉水

红地球葡萄灌溉用水的 pH 值在 8 以下，其他污染物含量，执行 GB/T 18407.2—2001 的标准。

4.1.4 空气

空气质量指标，按 GB/T 18407.2—2001 标准执行。

4.2 建园

4.2.1 园地设计

葡萄园应根据面积、地形地势条件和架势要求等进行规划。包括：作业区、道路、防护林、土壤改良措施、水土保持措施、排灌系统的设计。

4.2.2 架势和树形

架势以棚架为主，树形以龙干形为主。

4.2.3 整地

整地时间，在秋季到入冬土壤封冻之前完成。

方法采用沟状整地，沟的宽深规格为 80cm×80cm，开沟时表土和心土分开堆放。回填时沟底部先填入 20cm 作物秸秆；再填入 40cm 充分混合的表土和有机肥料（用量不低于 4000kg/667m²），最后填 20cm 表土。定植前灌水，待土壤充分沉降后填平。栽植绿苗前，按沟的走向铺好地膜提高地温保持水分，地膜厚 0.006 ~ 0.008mm，宽 90cm。

4.2.4 苗木

苗木采用一年生苗木或绿苗。一年生苗标准按 NY/T 469—2001 的规定执行；绿苗标准为：三叶一心、根系完整、生长正常、无病虫害的营养钵壮苗。

4.2.5 定植

一年生苗秋季葡萄落叶后到第二年萌芽前均可栽植；绿苗宜在 5 月 10 ~ 25 日栽植。

定植的行距 3 ~ 4m，株距 0.8 ~ 1m，每 667m² 定植 166 ~ 277 株。

绿苗定植后 6 ~ 7d，用 ABT 生根粉 3 号 25mg/L 灌根；10 ~ 12d 后，用打孔方式追施尿素 6 ~ 7kg/667m²。6 月中旬追施尿素 10kg/667m²；7 月上旬和 8 月中旬结合灌水施用葡萄专用肥和生物菌肥，施用量分别是 15kg 和 20kg/667m²。一年生苗的定植、施肥、管理可参照执行。

苗高 80cm 时摘心，并去掉距地面 20cm 以内的夏芽副梢，20cm 以上的夏芽副梢保留 3 ~ 5 片叶摘心。苗高 120cm 时主蔓延长梢留 100cm 摘心，再保留 2 个副梢，8 月中旬对所有的副梢全部摘心。秋季落叶后，主蔓留 80 ~ 100cm 短截修剪。

11 月上旬对枝条进行埋土防寒，防寒土在枝蔓上厚度≥20cm。1 ~ 2 年生树，在早霜前带叶修剪和埋土，实施分次埋土和加宽防寒幅度与防寒厚度。

4.2.6 间作

可在行间种植绿肥植物或间作花生等矮秆作物，间作物距树体不少于 80cm。建议树下实行生草制。

5 土肥水管理

5.1 土壤管理

每年秋季结合施基肥，深翻熟化土壤，改良土壤结构，提高土壤质量。山区坡地葡萄园，沿等高线修筑梯田，田埂高出田面 30cm，土层薄的地区要客土增厚。

5.2 施肥

5.2.1 肥料种类

肥料种类见表 1。

表 1 肥料种类

肥料类别	包括的品种
有机肥料	堆肥、沤肥、厩肥、沼气肥、绿肥、氨基酸肥、作物秸秆肥、饼肥等农家肥和商品有机肥
腐殖肥类	腐殖酸类肥料
化肥类	氮、磷、钾和微量元素肥及其复合肥等
生物肥类	微生物制剂及经过微生物处理肥料

5.2.2 施肥方法及数量

基肥在采果后秋施，幼园每年施有机肥 2000kg/667m^2、盛果期园 5000kg/667m^2。施肥采用沟施方法，施肥沟与葡萄株距离以挖沟后少量见根为适，一般距葡萄树 50cm 以上，沟深不低于 40cm。

春季葡萄出土后，追施尿素 20kg 加 5kg 的硫酸钾 /667m^2；花后施多元复合肥 30kg 加尿素 10kg/667m^2；果实着色期再追施硫酸钾复合肥 40kg/667m^2。要平衡施肥或测土配方追肥，肥种配比，参照 NY/T 5088—2002 标准。在葡萄采收前 30d 停止追肥。

花前要叶面喷施 0.3% 的硼砂，花后喷施 2 ~ 3 次 0.2% 尿素溶液、幼果迅速膨大期到成熟期叶面喷施 0.3% 磷酸二氢钾或硫酸锌溶液 3 ~ 4 次、果实采收后喷施 1 ~ 2 次 0.3% 磷酸二氢钾和尿素的混合溶液。

5.2.3 肥料的合理使用

按 NY/T 496—2002 标准执行。

5.3 水分管理

结合追肥进行灌水，建议采用微滴灌的节水灌溉方法。雨季注意排水。采前 20d 要停止灌水。埋土防寒后灌足封冻水。

6 整形修剪

6.1 冬剪

红地球葡萄抗寒性不强，1 ~ 2 年生树应带叶修剪，本地区可在 10 月下旬开始。

6.1.1 原则

冬季修剪要根据架势、树龄、产量等确定结果母枝的剪留强度及更新方式。结果母枝的剪留量 5 ~ 7 个 /m^2，结果母枝剪留两个饱满芽，剪口距离芽子保持

2cm 长度。

6.1.2 初结果树修剪

培养主蔓及延长头，均衡树势，培养结果枝组，及时疏除病虫枝、过密枝、重叠枝和细弱枝。地面以上 50cm 不留分枝。

6.1.3 盛果期树修剪

调节生长与结果的关系，协调营养物质的分配，调整光照，更新结果母枝，防止结果部位外移，地面以上 80cm 不留分枝。

6.1.4 衰老期树修剪

对老蔓及时更新回缩，培养新的主蔓和结果枝组。

6.2 夏剪

在生长季采用抹芽、疏枝、新梢摘心等措施对树体进行控制。营养枝和结果枝均留 10 片叶摘心，待枝条老化后进行平绑或"弓"形绑缚。结果枝副梢留 5 片叶摘心，第 2、3 次副梢留 1 片叶摘心。营养枝副梢留 2 片叶摘心，第 2、3 次副梢留 1 片叶摘心。

7 花果管理

7.1 疏花疏果

依照疏花序、花序整形、疏果粒的办法严格控制单位面积产量。生理落果后立即进行疏粒，使果穗呈略松散状，每穗留果 60 ～ 80 粒。成龄园留果量 1300 ～ 1600kg/ 667m^2。

7.2 果实套袋

疏果粒后及时进行套袋，一般在 6 月下旬。套袋时要避开雨天和中午的高温，套袋前喷一次杀菌剂。采收前 10 ～ 20d 摘袋，摘袋分两次摘除，要先把袋底打开，然后逐渐将袋去除。摘袋后，去掉果穗上的小粒病粒，注意不能碰掉果粉。

7.3 其他技术

7.3.1 植物生长调节剂的使用

允许使用赤霉素诱导无核果、促果粒膨大、拉长果穗等操作。

7.3.2 促进着色技术

果实着色期，采用摘除果穗周围的叶片、地面铺反光膜等技术，促使果实着色均匀提高糖度。

8 病虫害防治

8.1 防治原则

坚持“预防为主、综合防治”的原则，以采用农业防治、生物防治和物理防治为主，化学防治为辅，将病虫为害控制在经济阈值以下，保护生态环境，维持葡萄园区的生态平衡。

8.2 主要病虫害

8.2.1 主要病害

白腐病、黑痘病、霜霉病、灰霉病、炭疽病、日灼病。

8.2.2 主要虫害

金龟子、介壳虫、葡萄叶蝉、绿蝽、短须螨、枯叶夜蛾。

8.3 防治方法

8.3.1 农业防治

通过修剪，适时剪除病虫枝、枯枝及无效枝，改善通风透光条件，调节树体负载量，加强肥水管理，增强抗病能力。及时清理果园，减轻越冬病虫的基数。

8.3.2 物理防治

利用害虫的趋化性和趋光性，在田间设置糖醋碗、诱虫灯诱杀金龟子和枯叶夜蛾、嘴壶夜蛾等成虫，减轻田间的发生量。对具有假死特性的害虫金龟子，采用人工捕杀方法，减轻危害。

8.3.3 生物防治

加强葡萄园生态保护，利用有益生物及害虫天敌，如赤眼蜂、草青蛉等害虫天敌，以虫治虫，利用昆虫性外激素干扰或消灭害虫。

8.3.4 化学防治

化学防治应做到对症下药、适时用药。对化学农药的使用情况进行严格、准确的记录。具体化学农药使用，按 GB/T 4285—1989 和 GB/T 8321—2002 标准执行。红地球葡萄无公害栽培禁止使用的农药种类，见附录 A。

9 采收与分级

9.1 采收

红地球葡萄用剪枝剪采收，采收时间须在露水干后或是下午 4：00 时后进行，阴天、雾天、雨天、烈日暴晒情况下不宜采收。

9.2 分级

采收后将红地球葡萄集中到分级棚，由专人进行分级。首先对果穗进行整形，剔除病、残和小青粒（避免损伤果粉），然后分级。红地球葡萄质量等级要求，见附录 B。

附录A 禁止使用的化学农药
（规范性附录）

六六六、滴滴涕、杀毒芬、二溴氯丙烷、杀虫脒、二溴乙烷、艾氏剂、狄氏剂、汞制剂、砷、铅类、敌枯双、氟乙酰胺、甘氟、毒鼠强、氟乙酸钠、毒鼠硅、甲胺磷、甲基对硫磷、对硫磷、久效磷、磷胺、甲拌磷、甲基异柳磷、特丁硫磷、甲基硫环磷、治螟磷、内吸磷、克百威、涕灭威、灭线磷、硫环磷、蝇毒磷、地虫硫磷、氯唑磷、苯线磷。

注：资料来源于 2002 年中华人民共和国农业部公告第 199 号。

附录B 红地球葡萄质量等级要求（规范性附录）

项目	果穗				果粒							可溶性固形物（%）	含酸量（%）
	重量（g）	整齐度	松紧度	穗梗果蒂	形状	粒重（g）	横径（mm）	果粉	果皮色泽	果肉色泽			
特级	650～1000	果粒≥27mm的占70%以上，余为≥26mm果，无<26mm果	略松散	新鲜、翠绿、无干梗、柔软、无硬梗，果蒂大小正常	椭圆或圆	≥13	≥27	完整	鲜红	乳白色		≥18	≤0.6
一级	650～1000	果粒≥26mm的占70%以上，余为≥25mm果，无<25mm果	略松散	新鲜、翠绿、无干梗、柔软、无硬梗，果蒂大小正常	椭圆或圆	≥12	≥26	完整	鲜红或紫红	乳白色		≥17	≤0.7
二级	500～1000	果粒≥25mm的占70%以上，余为≥24mm果，无<24mm果	略松散或略紧密	新鲜、翠绿、干梗<10%、柔软、无硬梗，果蒂大小正常	椭圆或圆	≥10	≥25	基本完整	鲜红或紫红、红紫	乳白色或淡黄绿色		≥16	≤0.7

3.3 无公害农产品 核桃栽培管理技术规范（DB12/T 419—2010）

——2010年1月8日发布，2010年5月1日实施

前　言

本标准由天津市林业局提出。

起草单位：天津市林业工作站、蓟县林业局林业科技推广中心。

本标准主要起草人：杜长城、王会文、刘会春、吕宝山、张亚军、田长青、刘杉、张淑芹、刘景然。

1 范围

本标准规定了无公害农产品核桃生产的建园、栽培技术、采收及采后处理的要求。

本标准适用于天津市行政区域内无公害农产品核桃的生产。

2 规范性引用文件

下列文件中的条款通过本标准的引用而成为本标准的条款。凡是注日期的引用文件，其随后所有的修改单（不包括勘误的内容）或修订版均不适用于本标准，然而，鼓励根据本标准达成协议的各方研究是否可使用这些文件的最新版本。凡是不注日期的引用文件，其最新版本适用于本标准。

GB 4285—1989 农药安全使用标准

GB/T 8321—2002 农药合理使用准则（所有部分）

GB/T 10164—1998 核桃

NY/T 394—2000 绿色食品 肥料使用准则

NY/T 496—2002 肥料合理使用准则 通则

3 建园

3.1 土壤条件

土层厚度 ≥ 1m、肥沃、排水良好、地下水位 ≥ 2m 的壤土或沙壤土，土壤有机质含量 ≥ 1%。山地应避免在土层下有岩板层及排水不良的黏土上栽培。

3.2 品种

3.2.1 早实核桃主要品种名称

辽核 1 号、辽核 3 号、辽核 4 号、中林 5 号、香玲、绿波。

3.2.2 晚实核桃主要品种名称

礼品 1 号、礼品 2 号。

4 栽培技术

4.1 园地选择

要求选择背风向阳的山丘缓坡地、平地或排水良好的沟谷地，有灌溉和排水条件的地方。

4.2 栽植前准备

4.2.1 挖定植沟穴

依栽植密度采用沟状或穴状整地，沟状整地宽深规格 70cm×60cm；穴状整地长宽深规格 80cm×80cm×80cm。

4.2.2 回填与施肥

回填时按 20kg/ 株施有机肥，与表土混匀后填入穴底部，随填土踩实，穴上部回填底土并高于原地表 5cm。水源条件较好的地方，应结合填土灌一次透水，既可增加底墒又能使虚土变实、结合紧密。

4.3 苗木

4.3.1 嫁接苗高 100～130cm，地径 1.5～2cm，主根长 ≥20cm，侧根长 ≥15cm。

4.3.2 接口愈合良好，接口以上枝条充实，芽饱满。

4.3.3 无检疫对象、无病虫害和机械损伤。

4.3.4 苗木应随起苗随定植，起苗后用 30mg/kg 的 3 号生根粉溶液蘸根。

4.3.5 长途运输的苗木，生根粉蘸根后沾泥浆、包装运输。

4.4 定植

4.4.1 依品种确定密度

早实核桃品种栽植株行距 2.5～3m×5～6m；晚实核桃品种 4～5m×6～8m。

4.4.2 定植时间

秋栽 10 月中下旬至 11 月初落叶前；春栽 4 月上旬发芽前。

4.4.3 定植方法

按规划株距在定植穴内挖长宽深各 30cm 的小穴，在穴内加保水剂 10 ～ 15g 与土混匀后浇水打浆，放入苗木，覆土提苗，踩实，再浇入足够水，覆土与地面相平，然后树下覆地膜 1m²。

4.5 间作

幼树期可间作豆类、花生等矮秆作物或非宿根性中草药，间作物距树 ≥ 80cm。为增加土壤有机质，提高土壤肥力，可采用树下生草法或覆草法。

4.6 配置授粉树

选用与主栽品种花期相遇的良种，主栽品种与授粉品种按 5∶1 ～ 4∶1 的比例交叉或隔行形式配置。

4.7 幼树防寒

新植核桃幼树在 2 ～ 3 年内应采取埋条等防寒措施。

4.8 土肥水管理

4.8.1 土壤管理

4.8.1.1 核桃幼树园在春季浅耕，利于幼苗保墒，提高幼苗成活率，成年园在春季萌芽前和秋季果实采收后深耕 25 ～ 30cm，这样有利于改良土壤结构，熟化土壤，提高土壤肥力。

4.8.1.2 平地核桃园，逐年深翻熟化，改良土壤结构。

4.8.1.3 山地核桃园，坡度在 10°～ 20° 时，沿等高线修梯田，梯田面宽 3 ～ 4m，并成内低外高状，外沿高出田面 30cm；坡度 ≥ 20° 要建一树一库，保土蓄水，方法是在每一株核桃树盘外缘垒筑高 20cm 的石或土沿、内缘靠坡边挖宽、深各 30cm，长与树盘相等的蓄水槽。

4.8.2 施肥

4.8.2.1 施肥原则

以施有机肥为主，依据树体需要配合施用速效化肥和微生物肥以不对环境和产品造成污染为原则。具体要求符合 NY/T 496—2002。

4.8.2.2 允许施用的肥料种类

按 NY/T 394—2000 执行，商品肥料应有农业部的登记注册，有机堆肥必须经过 50℃ 以上高温发酵 7d 以上，沼气肥需经过密封贮存 30d 以上。

4.8.2.3 基肥

a) 施肥时间：以采果后秋施为宜。

b) 施肥量：幼树每年施肥 15 ～ 25kg/ 株，进入结果期或盛果期树，施有机肥不少于 40 ～ 50kg/ 株。为提高有机肥的肥效，应将有机肥与微生物肥混合施用。

c) 施肥方法：采用环状或放射状沟施，也可以穴施，施用深度 ≥ 40cm。

4.8.2.4 追肥

前期以氮肥为主，后期以磷钾肥为主。分三个时期追肥：即发芽后至花前施速效氮肥 10kg/667m²。开花后，适量增加磷钾肥或进行叶面喷施 0.3％磷酸二氢钾。6 月施速效磷钾肥 10kg/667m²，也可喷施 0.3％磷酸二氢钾 3 次。

4.8.3 灌水

有水源条件的核桃园，应于 3 月底和 11 月中旬各浇水一次。没有灌溉条件的核桃园，在雨季前可结合追肥施入保水剂，保水剂使用量幼龄树 10 ～ 50g/ 株，成龄树 50 ～ 100g/ 株。为提高山地核桃园抗旱保墒能力，应采用树下覆草技术，覆草厚度 15 ～ 20cm。雨季注意排水，地势低洼的核桃园必须及时排水，防止沥涝。

4.9 整形修剪

4.9.1 定干

密植核桃园定干高度 0.8 ～ 1.0m；间作的核桃园 1.2 ～ 1.5 m。

4.9.2 整形

依品种特性采用主干疏层形和开心形两种树形。中心主干强旺的品种，可整成主干疏层形。(2 ～ 3 层，主枝 5 ～ 7 个)，中心主干弱的品种可整成开心形（主枝 3 ～ 5 个），树高 ≤ 5 m。

4.9.3 修剪

核桃与其他果树不同，为避免伤流，修剪应在果实采收后 20d 内完成。

4.9.3.1 初结果树修剪

培养主侧枝，均衡树势，利用先放后缩的方法，培养结果枝组，及时疏除干枯枝、病虫枝、过密枝、重叠枝和细弱枝。

4.9.3.2 盛果期树修剪

调节生长与结果的关系，协调营养物质的分配，调整光照，更新结果母枝，防止结果部位外移。

4.9.3.3 衰老期树修剪

抑前促后，抬高角度，去老留新，培养新的结果枝组。

4.10 花果管理

4.10.1 人工疏除雄花序

核桃树雄花量大，疏除 70% ～ 80% 的雄花序，减少养分和水分消耗，提高坚果质量和产量。疏雄花应在雄花未开放前进行。

4.10.2 花期叶面喷硼

在雌花开花盛期，喷施 0.2% ～ 0.3% 的硼肥，提高座果率。

4.11 病虫害防治

4.11.1 主要病虫害种类

a) 主要病害：腐烂病和黑斑病。

b) 主要虫害：举肢蛾、刺蛾、缀叶螟、木橑尺蠖、核桃叶甲、金龟子。

4.11.2 防治原则

坚持"预防为主、综合防治"的植保方针，以采用农业防治、生物防治和物理防治为主，化学防治为辅，将病虫为害控制在经济阈值以下，使核桃质量符合无公害的要求。

4.11.2.1 农业防治

a) 选用抗病虫品种：选用抗（耐）病虫性较强的品种。

b) 合理修剪：适时剪除病虫枝，枯枝及无效枝，改善树体通风透光条件。

c) 控制产量：加强肥水管理，增强树势控制产量，提高树体抗病虫能力。

d) 清理果园：入冬前将病虫枝叶集中处理深埋，以减轻腐烂病、黑斑病和在土地中越冬害虫的基数，减少病虫源。

4.11.2.2 物理防治

a) 灯光诱杀：利用害虫的趋光性，在举肢蛾、刺蛾、缀叶螟、木橑尺蠖成虫发生期，田间架设诱虫灯，诱杀成虫，减轻田间的发生量。

b) 人工措施：对有假死特性的金龟子，采用人工捕杀，减轻危害；对腐烂病采用人工刮除病斑等方法，促进愈合，减轻病害发生。

4.11.2.3 生物防治

加强核桃园保护，利用当地的害虫天敌，以虫治虫，利用举肢蛾、刺蛾、缀叶螟、木橑尺蠖昆虫性外激素诱捕集中消灭或干扰害虫交配，破坏其生活环境。

4.11.2.4 化学防治

抓好病虫测报，及时掌握病虫害的发生动态，制定防止方案，应用生物源和矿物源的高效、低毒，低残农药。使用方法和安全间隔期，按 GB/T 4285—

1989 和 GB/T 8321—2002 的要求执行。

5 采收、采后处理

5.1 采收

5.1.1 采收时间

适时采收保证坚果质量，禁止核桃采青。采收时间一般应在 9 月中旬左右，具体时间依品种而定。以树上核桃青皮达 10% 自然开裂并有少量落果时采收为宜。

5.1.2 采收方法

打落法，用竹竿或有弹性的软材，从内向外顺枝打落，不可乱打，避免损伤枝芽；捡拾法，是在青皮开裂，坚果自然脱落时，每天或隔日在树下捡拾。

5.2 采后处理

核桃青果采收后，随采收随脱皮和干燥。采收后的青果用喷雾器喷施 500 倍乙烯利，堆放 48 ~ 72h 后，脱青皮、漂白、清水漂洗、自然晒干、分级。按 GB/T 10164—1998 执行。

3.4 盘山磨盘柿（DB12/T 399—2008）

——2008年11月13日发布，2009年3月1日实施

前言

本标准附录 A 为规范性附录。

本标准由蓟县林业局提出。

本标准起草单位：蓟县林业局林业科技推广中心、蓟县质量技术监督局、天津力臣阳光果蔬商贸有限责任公司。

本标准主要起草人：胡春明、陈志高、王会文、张景新、吕宝山、刘海峰、赵春增、王海鹏、王涛。

1 范围

本标准规定了盘山磨盘柿生产地域范围、术语和定义、要求、检验方法、检验规则、标志、包装、运输与储存。

本标准适用于天津盘山地区生产的磨盘柿。

2 规范性引用文件

下列文件中的条款通过本标准的引用而成为本标准的条款。凡是注日期的引用文件，其随后所有的修改单（不包括勘误的内容）或修订版均不适用于本标准，然而，鼓励根据本标准达成协议的各方研究是否可使用这些文件的最新版本。凡是不注日期的引用文件，其最新版本适用于本标准。

GB/T 191—2008 包装储运图示标志

GB 2762—2005 食品中污染物限量

GB 2763—2005 食品中农药最大残留限量

GB/T 5009.11—2003 食品中总砷及无机砷的测定

GB/T 5009.12—2003 食品中铅的测定

GB/T 5009.15—2003 食品中镉的测定

GB/T 5009.17—2003 食品中总汞及有机汞的测定

GB/T 5009.18—2003 食品中氟的测定

GB/T 5009.19—2003 食品中六六六、滴滴涕残留量的测定

GB/T 5009.20—2003 食品中有机磷农药残留量的测定

GB/T 5009.38—2003 蔬菜、水果卫生标准的分析方法

GB/T 5009.86—2003 蔬菜、水果及其制品的总抗坏血酸的测定（荧光法和2,4- 二硝基苯肼法）

GB/T 5009.87—2003 食品中磷的测定

GB/T 5009.90—2003 食品中铁、镁、锰的测定

GB/T 5009.92—2003 食品中钙的测定

GB/T 5009.105—2003 黄瓜中百菌清残留量的测定

GB/T 5009.110—2003 植物性食品中氯氰菊酯、溴氰菊酯、氰戊菊酯残留量的测定

GB/T 5009.123—2003 食品中铬的测定

GB/T 5009.135—2003 植物性食品中灭幼脲残留量的测定

GB/T 6543—1986 瓦楞纸箱

GB/T 8855—1988 新鲜水果和蔬菜的取样方法

GB 9687—1988 食品包装用聚乙烯成型品卫生标准

GB 9688—1988 食品包装用聚丙烯成型品卫生标准

GB 9689—1988 食品包装用聚苯乙烯成型品卫生标准

GB/T 12295—1990 水果、蔬菜制品可溶性固形物的测定（折射仪法）

DB12/T 237—2005 无公害农产品 鲜柿冷藏

3 生产地域范围

盘山磨盘柿产品生产地域范围，限于天津盘山地区以花岗岩为成土母岩的区域生产的磨盘柿。见附录 A。

4 术语和定义

下列术语和定义适用于本标准。

4.1 盘山磨盘柿 Panshan Mopan Persimmon

蓟县盘山地区生产的磨盘柿，涩柿的一种。果实呈扁圆形，中部缢痕明显，将果实分为上、下两个部分，形似磨盘。

4.2 涩柿 Astringent Persimmon

需要自然脱涩或人工脱涩处理后方可食用的柿品种类型。

5 要求

5.1 自然环境

5.1.1 年平均日照时数 2757h，年平均气温 12.1℃，年活动积温为 4235 ~ 4276℃，无霜期 195d，年均降水量 600mm 左右。

5.1.2 以花岗岩为成土母岩的淋溶褐土，土壤中含钾量 ≥ 2%，有机质含量 ≥ 1.10%，pH6.5 ~ 7.5。海拔高度：平地 50m，半山区平均 200m。

5.2 种植品种

磨盘柿。

5.3 等级要求

5.3.1 等级要求应符合表 1 的规定。

表 1　等级要求

项　目		要　求		
		特级	一级	二级
果形		端正	端正	允许有轻微凹陷或突起
柿蒂		完整	完整	完整、允许轻微损伤
色泽		橙黄色	橙黄色	橙黄色
单果重		≥300g	≥250g	≥200g
果面缺陷	机械伤	不允许	不允许	允许有轻微缺陷，总面积 ≤1.5cm²
	病害			
	虫害			

5.3.2 二级果每批或单个包装内缺陷果不超过 5%。

5.4 理化指标

理化指标应符合表 2 的规定。

表 2　理化指标

项　目	指　标
可溶性固形物，% ≥	13.0
抗坏血酸，mg/100g	21.5 ~ 22.1
硬度，kg/cm²	10.5 ~ 11.5
钙，mg/kg	86.3 ~ 102.0
磷，mg/kg	95 ~ 100.0
铁，mg/kg	5.3 ~ 6.1

5.5 卫生指标

卫生指标应符合 GB 2762—2005、GB 2763—2005 及表 3 的规定。

表 3　卫生指标

序号	项 目	指标（mg/kg）
1	砷（以 As 计）≤	0.05
2	汞（以 Hg 计）≤	0.01
3	铅（以 Pb 计）≤	0.1
4	铬（以 Cr 计）≤	0.5
5	镉（以 Cd 计）≤	0.05
6	氟（以 F 计）≤	0.5
7	马拉硫磷≤	2
8	对硫磷	不得检出
9	滴滴涕≤	0.05
10	六六六≤	0.05
11	乐果≤	1.0
12	氯氰菊酯≤	2.0
13	灭幼脲≤	3.0
14	多菌灵≤	3.0
15	百菌清≤	1.0

6 检验方法

6.1 等级要求的检验

6.1.1 果形、柿蒂、色泽

用目测方法检测。

6.1.2 果面缺陷

用目测或用量具测量。

6.1.3 单果重

用电子秤测定。单个称量，数值精确到 1g。试样：从样品中随机抽取具有代表性的果实 20 ～ 50 个。

6.2 理化测定

6.2.1 可溶性固形物

按 GB/T 12295—1990 中规定方法执行。

6.2.2 抗坏血酸的检验

按 GB/T 5009.86—2003 规定方法执行。

6.2.3 果实硬度

a) 试样：从样品中随机抽取具有代表性的果实 30 个。

b) 仪器：果实硬度计。硬度单位以 kg/cm^2 表示。

6.2.4 钙的检验

按 GB/T 5009.92—2003 规定方法执行。

6.2.5 磷的检验

按 GB/T 5009.87—2003 规定方法执行。

6.2.6 铁的检验

按 GB/T 5009.90—2003 规定方法执行。

6.3 卫生指标的检验

见表 4。

表 4　卫生指标的检验方法

序号	项　目	试 验 方 法
1	砷（以 As 计）	按 GB/T5009.11 规定方法测定
2	汞（以 Hg 计）	按 GB/T5009.17 规定方法测定
3	铅（以 Pb 计）	按 GB/T5009.12 规定方法测定
4	铬（以 Cr 计）	按 GB/T5009.123 规定方法测定
5	镉（以 Cd 计）	按 GB/T5009.15 规定方法测定
6	氟（以 F 计）	按 GB/T5009.18 规定方法测定
7	马拉硫磷	按 GB/T5009.20 规定方法测定
8	对硫磷	按 GB/T5009.20 规定方法测定
9	滴滴涕	按 GB/T5009.19 规定方法测定
10	六六六	按 GB/T5009.19 规定方法测定
11	乐果	按 GB/T5009.20 规定方法测定
12	氯氰菊酯	按 GB/T5009.110 规定方法测定
13	灭幼脲	按 GB/T5009.135 规定方法测定
14	多菌灵	按 GB/T5009.38 规定方法测定
15	百菌清	按 GB/T5009.105 规定方法测定

7 检验规则

7.1 组批与抽样

7.1.1 组批

以同一产地、同一批采收、同等级的产品为一个检验批次。

7.1.2 抽样

按 GB/T 8855—1998 规定执行。以一个检验批次为一个抽样批次。

7.1.3 抽样数量

50 件以内，抽取 2 件；51 ~ 200 件抽取 3 件，201 ~ 500 件抽取 2.0%，501 ~ 1000 件抽取 1.5%;1000 件以上抽取 1.0%。以百分率抽样时，取样不足整件时，以上限整件计，样品单果数量不少于 20 个。分散零担柿果可在装果容器上、中、下各部位随机抽取，样品数量不少于 20 个。

7.2 检验分类

7.2.1 交收检验

每批产品交收前，生产单位应进行交收检验，按本标准等级规定的技术要求，对样果进行检验，根据检验结果评定质量和等级。交收检验内容包括包装、标志、等级要求，检验合格后附合格证方可交收。

7.2.2 型式检验

型式检验为本标准技术要求的全部内容。有下列情形之一时应进行型式检验：

a) 新建园投产时；

b) 因人为或自然因素使生产环境发生较大变化可能影响产品质量时；

c) 国家质量技术监督部门提出进行检验要求时。

7.3 判定规则

7.3.1 理化指标、卫生指标、标志和包装、等级要求均合格，等级要求的总不合格品百分率不超过 5%，判该批产品合格。

7.3.2 卫生指标有一项不合格，等级要求的总不合格品百分率超过 5%，则判该批产品不合格。

7.3.3 理化指标不合格的，允许复检，标志和包装不合格的，允许整改后复检。以复检结果为准。卫生指标不合格不得复检。

8 标志、包装、运输与储存

8.1 标志

包装储运图示标志应符合 GB/T 191—2008 的规定执行。

8.2 包装

8.2.1 包装材料应符合 GB/T 6543—1986、GB 9687—1988、GB 9688—1988、GB 9689—1988 的规定。包装按等级分别装箱或装盒。

8.2.2 果品冷藏专用箱应排列整齐，内衬垫箱纸，垫箱纸质量应干燥，无霉变、虫蛀、污染。

8.3 运输

8.3.1 运输工具应清洁、干燥、无毒、无害、无污染、无异味应有防雨防晒设施；不得与非食品混运。

8.3.2 运输应做到快装、快运尽量缩短运输时间，严禁日晒，雨淋，搬运时要轻拿轻放，堆码整齐，不得与有毒、有害、有异味或对鲜果有污染的物品混运。

8.4 储存

果实采收后，分级包装，去除病虫果和伤果，及时入库储存。储存的温度及码垛等各项要求按 DB12/T 237—2005 执行。

附录A 盘山磨盘柿产品地域范围
（规范性附录）

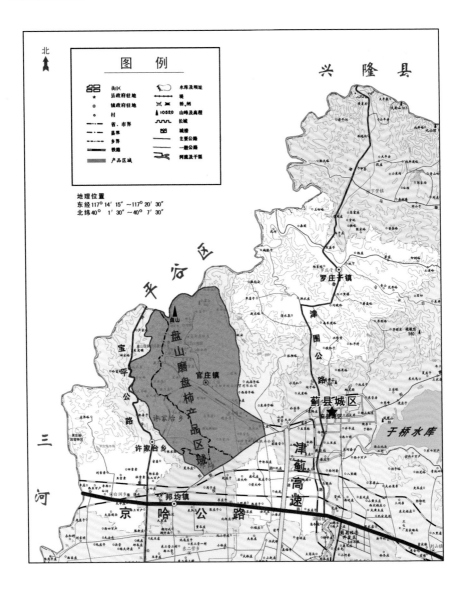

3.5 天津板栗（DB12/T 400—2008）
——2008年11月13日发布，2009年3月1日实施

前言
本标准附录 A 为规范性附录。

本标准由蓟县林业局提出。

本标准起草单位：蓟县林业局林业科技推广中心、蓟县质量技术监督局。

本标准主要起草人：胡春明、陈志高、王会文、张景新、吕宝山、李玉奎、赵春增、王海鹏、郭伟、张乃君。

1 范围
本标准规定了天津板栗产地范围、要求、试验方法、检验规则、标志、包装、运输及贮藏。

本标准适用于天津蓟县北部长城沿线中上元古界两翼生产的板栗。

2 规范性引用文件
下列文件中的条款通过本标准的引用而成为本标准的条款。凡是注日期的引用文件，其随后所有的修改单（不包括勘误的内容）或修订版均不适用于本标准，然而，鼓励根据本标准达成协议的各方研究是否可使用这些文件的最新版本。凡是不注日期的引用文件，其最新版本适用于本标准。

GB/T 191—2008　包装储运图示标志

GB/T731—1987　黄麻麻袋的技术条件

GB 2762—2005　食品中污染物限量

GB 2763—2005　食品中农药最大残留限量

GB/T 5009.3—2003　食品中水分的测定

GB/T 5009.5—2003　食品中蛋白质的测定

GB/T 5009.6—2003　食品中脂肪的测定

GB/T 5009.9—2003　食品中淀粉的测定

GB/T5009.11—2003　食品中总砷及无机砷的测定

GB/T5009.12—2003　食品中铅的测定

GB/T5009.15—2003　食品中镉的测定

GB/T5009.17—2003　食品中总汞及有机汞的测定

GB/T5009.18—2003 食品中氟的测定

GB/T5009.19—2003 食品中六六六、滴滴涕残留量的测定

GB/T5009.20—2003 食品中有机磷农药残留量的测定

GB/T5009.38—2003 蔬菜、水果卫生标准的分析方法

GB/T 5009.86—2003 蔬菜、水果及其制品的总抗坏血酸的测定（荧光法和2,4- 二硝基苯肼法）

GB/T 5009.87—2003 食品中磷的测定

GB/T 5009.90—2003 食品中铁、镁、锰的测定

GB/T 5009.92—2003 食品中钙的测定

GB/T5009.105—2003 黄瓜中百菌清残留量的测定

GB/T5009.110—2003 植物性食品中氯氰菊酯、溴氰菊酯、氰戊菊酯残留量的测定

GB/T5009.123—2003 食品中铬的测定

GB/T5009.135—2003 植物性食品中灭幼脲残留量的测定

GB/T19909—2005 地理标志产品 建瓯锥栗

3 产地范围

天津板栗生产地域范围限于天津蓟县北部燕山山脉长城沿线中上元古界地质剖面两翼。见附录 A。

4 要求

4.1 自然环境

4.1.1 年平均日照时数 2757h。年平均气温 9.9 ℃，年平均活动积温 4235 ~ 4276℃。无霜期 170d。年均降水量 600mm 左右。

4.1.2 土壤以砂岩、伊利砂页岩、白云岩为成土母岩的淋溶褐土，土壤保水性能好，有机质含量 1.25% 左右，pH6.2 ~ 7.4。平均海拔 260m。

4.2 种植品种

魁栗、短丰、燕红、盘山二号、紫伯、遵玉。

4.3 等级要求

4.3.1 基本要求

应符合表 1 的规定。

表1 基本要求

项目	要求		
	优等品	一等品	合格品
单粒果重	果粒均匀，平均单粒果重≥6.3g	果粒均匀，平均单粒果重5.6～6.3g	果粒均匀，平均单粒果重5.0～5.6g
外观	果粒成熟饱满，果皮红褐色，油光亮丽，底座小，表面洁净无绒毛		
风味	肉质细腻、香、甜，糯性强、无异味		
缺陷	无	无	无杂质，霉烂、虫蛀、风干、裂嘴四项不超过5%，其中霉烂不超过1%

4.3.2 串果

a. 各等级允许一定的串等果；

b. 优等品、一等品可有不超过2%的串等果；

c. 合格品可有不超过3%的串等果。

4.4 理化指标

理化指标应符合表2的规定。

表2 理化指标

项　目	指　标
含水率，%	49.0 ～ 51.0
蛋白质，%	3.3 ～ 3.6
脂肪，%	1.6 ～ 1.8
淀粉，%	25.5 ～ 27.0
钙，mg/kg	105.0 ～ 110.0
磷，mg/kg	300.0 ～ 350.0
铁，mg/kg	32.0 ～ 34.5
抗坏血酸，mg/100g	35.0 ～ 37.0

4.5 卫生指标

卫生指标应符合 GB 2762—2005、GB 2763—2005 及表 3 的规定。

表 3　卫生指标

项目		指标（mg/kg）
砷（以 As 计）	≤	0.05
汞（以 Hg 计）	≤	0.01
铅（以 Pb 计）	≤	0.1
铬（以 Cr 计）	≤	0.5
镉（以 Cd 计）	≤	0.05
氟（以 F 计）	≤	0.5
马拉硫磷	≤	2
对硫磷		不得检出
滴滴涕	≤	0.05
六六六	≤	0.05
乐果	≤	1.0
氯氰菊酯	≤	2.0
灭幼脲	≤	3.0
多菌灵	≤	3.0
百菌清	≤	1.0

5 检验方法

5.1 等级要求的检验

5.1.1 单粒果重

用电子秤测定。把抽取的样品直接检验总粒数、计算平均粒重，数值精确到 0.1g。

5.1.2 外观、风味

用目测、口尝方法检测。

5.1.3 缺陷

对抽取的样品用目测方法检验。

5.1.4 串果

目测、按本标准4.3.1规定筛选。按质量百分比计算串果率。

5.2 理化检验

5.2.1 含水率

按 GB/T 5009.3—2003 中规定方法执行。

5.2.2 蛋白质

按 GB/T 5009.5—2003 中规定方法执行。

5.2.3 脂肪的检验

按 GB/T 5009.6—2003 规定方法执行。

5.2.4 淀粉

按 GB/T 5009.9—2003 中规定方法执行。

5.2.5 钙的检验

按 GB/T 5009.92—2003 规定方法执行。

5.2.6 磷的检验

按 GB/T 5009.87—2003 规定方法执行。

5.2.7 铁的检验

按 GB/T 5009.90—2003 规定方法执行。

5.2.8 抗坏血酸的检验

按 GB/T 5009.86—2003 规定方法执行。

5.3 卫生指标的检验

卫生指标的检验方法见表4。

表4 卫生指标的检验方法

项 目	试验方法
砷（以 As 计）	按 GB/T 5009.11—2003 规定方法测定
汞（以 Hg 计）	按 GB/T 5009.17—2003 规定方法测定
铅（以 Pb 计）	按 GB/T 5009.12—2003 规定方法测定
铬（以 Cr 计）	按 GB/T 5009.123—2003 规定方法测定

项　目	试验方法
镉（以 Cd 计）	按 GB/T 5009.15—2003 规定方法测定
氟（以 F 计）	按 GB/T 5009.18—2003 规定方法测定
马拉硫磷	按 GB/T 5009.20—2003 规定方法测定
对硫磷	按 GB/T 5009.20—2003 规定方法测定
滴滴涕	按 GB/T 5009.19—2003 规定方法测定
六六六	按 GB/T 5009.19—2003 规定方法测定
乐果	按 GB/T 5009.20—2003 规定方法测定
氯氰菊酯	按 GB/T 5009.110—2003 规定方法测定
灭幼脲	按 GB/T 5009.135—2003 规定方法测定
多菌灵	按 GB/T 5009.38—2003 规定方法测定
百菌清	按 GB/T 5009.105—2003 规定方法测定

6 检验规则

6.1 组批与抽样

6.1.1 组批

同一生产基地、同一等级、同一批采收的产品为一个检验批次。

6.1.2 抽样

按 GB/T 19909—2005 中 9.3 执行。

6.2 检验分类

6.2.1 交收检验

每批产品交收前，生产单位应进行交收检验，按本标准相应等级的技术要求，对样果进行检验，根据检验结果评定质量和等级。交收检验内容包括包装、标志、等级要求，检验合格后附合格证方可交收。

6.2.2 型式检验

型式检验为本标准技术要求的全部内容。有下列情形之一时应进行型式检验：

a. 每年收成时进行一次；

b. 因人为或自然因素使生产环境发生较大变化时；

c. 国家质量技术监督部门或主管部门提出进行检验要求时。

6.3 判定规则

6.3.1 等级要求、理化指标

等级要求、理化指标全部符合本标准的规定即判该批产品合格。如有不合格项目，可从原批产品中加倍抽样进行复验，若复验结果为合格，即判该批产品合格，否则为不合格。

6.3.2 卫生指标

有一个项目不合格，即判定为该批产品不合格。

7 标志、包装、运输、贮藏

7.1 标志

运输包装上的储运图示标志应符合 GB/T 191—2008 规定。

7.2 包装

选用麻袋包装，麻袋应符合 GB/T 731—1987 的规定。

7.3 运输

7.3.1 鲜果在运输中应防止发热，有效控制温度和湿度，防止风干和霉变。

7.3.2 运输工具应清洁、干燥、无毒、无害、无污染、无异味，应有防雨防晒设施。

7.3.3 运输应做到快装、快运尽量缩短运输时间，严禁日晒，雨淋，堆码整齐，不得与有毒、有害、有异味或对鲜果有污染的物品混运。

7.4 贮藏

7.4.1 采用沙藏法和冷藏法贮藏。冷库贮藏温度 -1 ～ 3 ℃，相对湿度 90% ～ 95%。

7.4.2 贮藏仓库应通风、干燥、阴凉、无阳光直射，严禁与有毒、有害、有异味或对鲜果有污染的物品混放。

附录A

（规范性附录）

天津板栗产品地域范围见图 A.1。

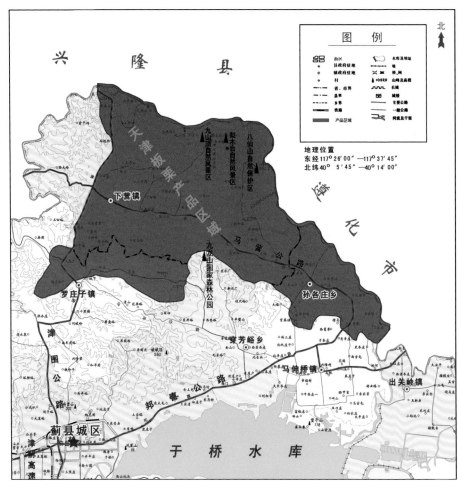

图 A.1 天津板栗产品地域范围图

中文名索引

页码字体加粗的中文名是异名。

图书在版编目（CIP）数据

天津山区果树图鉴 / 天津市蓟州区林业局编.
-- 北京：中国林业出版社, 2021.5
ISBN 978-7-5219-0760-5

Ⅰ.①天… Ⅱ.①天… Ⅲ.①果树－天津－图集
Ⅳ.①S66-64

中国版本图书馆CIP数据核字(2020)第166182号

中国林业出版社·林业分社

责任编辑：李敏　　　电话：(010) 83143575

出　版	中国林业出版社（100009 北京市西城区刘海胡同 7 号）
网　址	http：//lycb.forestry.gov.cn/lycb.html
发　行	中国林业出版社
印　刷	北京博海升彩色印刷有限公司
版　次	2021 年 5 月第 1 版
印　次	2021 年 5 月第 1 次
开　本	880mm×1230mm　32 开
印　张	8.75
字　数	305 千字
定　价	90.00 元